中国古典名著精华

袁氏世范

〔宋〕袁采 著

刘枫 主编

黄河出版传媒集团
阳光出版社

图书在版编目（CIP）数据

袁氏世范 / 刘枫主编 .—— 银川：阳光出版社，2016.9（2022.05重印）
（中国古典名著精华）
ISBN 978-7-5525-3024-7

Ⅰ.①袁⋯ Ⅱ.①刘⋯ Ⅲ.①家庭道德 – 中国 – 南宋 Ⅳ.① B823.1

中国版本图书馆 CIP 数据核字 (2016) 第 229568 号

中国古典名著精华　袁氏世范　　〔宋〕袁采 著　刘枫 主编

责任编辑　陈建琼
封面设计　瑞知堂文化
责任印制　岳建宁

黄河出版传媒集团　阳光出版社　出版发行

地　　址	宁夏银川市北京东路139号出版大厦（750001）
网　　址	http://www.ygchbs.com
网上书店	http://shop129132959.taobao.com
电子信箱	yangguangchubanshe@163.com
邮购电话	0951-5047283
经　　销	全国新华书店
印刷装订	天津兴湘印务有限公司
印刷委托书号	（宁）0020221

开　　本	710 mm×1000 mm　1/16
印　　张	16
字　　数	192千字
版　　次	2016年11月第1版
印　　次	2022年5月第2次印刷
书　　号	ISBN 978-7-5525-3024-7
定　　价	38.80元

版权所有　翻印必究

目　录

卷上（睦亲） ································ 1

性格不可强求一致 ······························ 1
人宜将心比心 ···································· 4
处家多想别人长处 ······························ 6
居家贵宽容 ······································ 8
父兄之间莫辩曲直 ····························· 10
莫大之祸，起于须臾之不忍 ················· 12
亲戚之间莫记仇 ······························· 15
当家需要理解 ·································· 17
顺适老人意 ····································· 19
笃孝感动天地 ·································· 20
为人岂可不孝 ·································· 22
父母爱子应适当 ······························· 24
爱子莫若使其立业 ···························· 26
教子莫若使其有所学 ························· 28
教子勿待长成之后 ···························· 30
父母爱子不可偏 ······························· 32
父母多念贫子 ·································· 34
待子孙不可有厚薄 ···························· 35
爱幼子，人之常情 ···························· 36
祖父母多疼爱长孙 ···························· 38
对公婆当一意承顺 ···························· 39

对待家人宜公心	41
长幼同居贵和睦	43
兄弟各安贫富	45
分财产贵公允	47
居家不必私藏金宝	50
兄弟之间勿争财	52
兄弟失和，不如早分家	54
对待家事要热心	56
居家相处贵宽容	57
叔侄如父子	58
身教重于言传	60
背后之言不可听	61
亲戚不宜多借贷	64
借贷不如周济	65
子孙勿得败祖德	67
子弟贪愚勿使仕宦	70
家业兴衰系子弟	72
养子亦需慎重	73
己子不可轻与人	75
别人之子不可轻易收养	76
收养义子当无争端	77
孤女寡妇，安全居处	79
续娶后妻需慎重	80
寡妇应自养幼子	82
幼定终身弊处多	84
议亲贵人品	86
婚配需条件相当	88
媒人之言不可轻信	90
男女本应平等对待	91

妇人年老宜善待 …… 92
收养亲戚当得法 …… 94
分配财产务均平 …… 96
立遗嘱宜公平 …… 98
遗嘱之文宜预为 …… 99

卷中（处己） …… 101

人之智识有高下 …… 101
富贵不宜骄横 …… 103
礼不可因人而异 …… 104
人生贵贱皆天命 …… 105
世事更变本无常 …… 106
人生甜苦参半 …… 108
富贵自有定数 …… 110
随遇而安方为福 …… 112
事不可苟成 …… 114
先天不足，后天补之 …… 116
人各有所长 …… 117
待人不可轻慢嫉妒 …… 118
忠信笃敬，圣人之术 …… 120
严律己宽待人 …… 122
做事须问心无愧 …… 124
神灵不佑为恶者 …… 126
公平正直不可恃 …… 128
知耻近乎勇 …… 129
为恶必遭天谴 …… 131
善恶自有报应 …… 133
人能忍则不起争端 …… 135
小人当远之 …… 137
老成之言更事多 …… 139

君子有过必改	141
少说为佳	143
小人作恶不必谏	144
别人不善,我以为鉴	146
正人先正已	148
别人议论不足畏	150
奉承之言多奸诈	152
凡事不可过分	154
盛怒之下,言语慎重	155
与人言语,平心静气	157
对待老人让三分	159
与人交游,当有分寸	160
以才德服人	161
作恶多必受天谴	162
君子小人应分清	164
在朝在野,互相理解	166
小人不必责以忠信	167
卖假药必遭报应	169
严肃端庄,不受轻侮	171
不可奇装异服	172
居乡不可奢华	173
妇女衣饰不可出众	175
人之所欲,应遵礼义	176
财色不可苟得	177
子弟应适当交游	178
持家常存忧惧	180
家富不可懈怠	181
持家宜量入为出	183
居家宜为长久计	185

节俭宜持之以恒 …………………… 187
　　凡事有备而无患 …………………… 189
　　居官持家本一理 …………………… 191
　　子弟当致学 ………………………… 192
　　周济当择人 ………………………… 194
　　虽贫亦不可轻受人恩 ……………… 196
　　受恩必报 …………………………… 197
　　人情固有厚薄 ……………………… 199
　　以直报怨 …………………………… 201
　　万般无奈方诉讼 …………………… 203

卷下（治家） ……………………………… 204
　　严防门户安全 ……………………… 204
　　僻静之地，聚众而居 ……………… 205
　　夜间谨防盗 ………………………… 206
　　宅院夜间宜巡逻 …………………… 208
　　穷盗勿追 …………………………… 209
　　少蓄积，慎防盗 …………………… 210
　　防盗宜得法 ………………………… 211
　　为富不仁盗亦恨 …………………… 212
　　失物不可乱猜疑 …………………… 213
　　和睦邻居以防不虞 ………………… 214
　　火起多由厨灶 ……………………… 215
　　起居慎防火 ………………………… 216
　　室外防火亦重要 …………………… 217
　　特别情境，更应防火 ……………… 218
　　小儿银饰易致祸 …………………… 219
　　小儿不可独自外出 ………………… 220
　　谨防孩童临危 ……………………… 221
　　待客不宜强进酒 …………………… 222

谨防仆人奸盗 …………………………………… 223
居家不宜赌博 …………………………………… 224
仆佣当选勤谨朴实 ……………………………… 225
轻浮诡诈之仆不可用 …………………………… 226
贪生乃人之本性 ………………………………… 227
孩子宜亲自为养 ………………………………… 229
狡诈子弟不可用 ………………………………… 230
用人需选忠厚者 ………………………………… 232
善待佃户 ………………………………………… 234
妇儿不可私自借贷 ……………………………… 235
不让生人轻易入宅 ……………………………… 236
兴修水利 ………………………………………… 237
修治河渠获利多 ………………………………… 238
荒山宜植果木 …………………………………… 239
勿因小事罪邻里 ………………………………… 240
田界宜分明 ……………………………………… 241
钱谷不可多借人 ………………………………… 243
与人交易要公平 ………………………………… 244
无故不可举债 …………………………………… 246
纳税要积极 ……………………………………… 247
公益事业要热心 ………………………………… 248

卷上

睦亲

性格不可强求一致

【原文】

人之至亲,莫过于父子兄弟。而父子兄弟有不和者,父子或因于责善,兄弟或因于争财。有不因责善、争财而不和者,世人见其不和,或就其中分别是非而莫名其由。盖人之性,或宽缓,或褊急,或刚暴,或柔懦,或严重,或轻薄,或持检,或放纵,或喜闲静,或喜纷挐,或所见者小,或所见者大,所禀自是不同。父必欲子之强合于己,子之性未必然;兄必欲弟之性合于己,弟之性未必然。其性不可得而合,则其言行亦不可得而合。此父子兄弟不和之根源也。况凡临事之际,一以为是,一以为非,一以为当先,一以为当后,一以为宜急,一以为宜缓,其不齐如此。若互欲同于己,必致于争论,争论不胜,至于再三,至于十数,则不和之情自兹而启,或至于终身失欢。若悉悟此理,为父兄者通情于子弟,而不责子弟之同于己;为子弟者,仰承于父兄,而不望父兄惟己之听,则处事之际,必相和协,无乖争之患。孔子曰:"事父母,几谏,见志不从,又敬不违,劳而无怨。"此圣人教人和家之要术也,宜孰思之。

【译文】

在人类的社会生活中,最亲的莫过于父子和兄弟。然而,父子与兄弟有相处不融洽,不和睦的。父与子之间,或者因为父亲对孩子求全责备,要求太过苛刻,兄与弟之间,或者因为相互争夺家产财物。有的父子之间、兄弟之间并没有求全责备、争夺财产,却很不和睦,周围的人看见他们不和,有的便从这种不和中分辨是非,最终仍找不到任何有说服力的理由。大概人的性情,有的宽容缓和,有的偏颇急躁,有的刚戾粗暴,有的柔弱儒雅,有的严肃庄重,有的轻靡浮薄,有的克制检点,有的放肆纵情,有的喜欢娴雅恬静,有的喜欢纷纷扰扰,有的人识见短浅,有的人识见广博,各自的禀性气质各有不同。父亲如果一定要强迫自己的子女合于自己的脾性,而子女的脾性未必是那个样子;兄长如果一定要强迫自己的弟弟合于自己的性格,而弟弟的性格也未必如此。他们的性格不可能做到相合,那么他们的言语与行动也不可能相合。这就是父与子,兄与弟不和睦的最根本的原因。况且大凡面临一件事情的时候,一方认为是正确的,一方认为是错误的;一方认为应当先做,一方认为应当后做;一方以为应该急,一方以为应该缓,观点不同竟然是这个样子。如果彼此都想要对方和自己的性格、脾气、观点相同,必然会导致争吵与论辩,争吵、论辩不分胜负,以至于三番五次,更至于十次八次,那么不和自此就会产生,有的竟到了终其一生失去和睦的地步。

如果大家都能领悟到这个道理,做父亲和兄长的对子女与弟弟通情达理,并且不苛责子女与弟弟与自己相同;做子女和弟弟的,恭敬地追随着父兄,却并不期望父兄只听取自己的意见,那么在处理事情的时候,必定相互和谐,没有乖离争论的祸患。孔子说:"对待父母,屡次婉言劝谏,看到自己的意见不被采纳,还必须恭恭敬敬,不违背父母,仍然在做事的时候无怨无悔。"这就是圣人教给人们和家的最重要的方法,我们应该认真地思考。

【评析】

性不可以强合,在现代人看来是一个极其平常的观点。任何人都不可以将自己的看法强加于他人,即使是父之于子,兄之于弟,也同样不可如此。然而,在我国漫长的封建社会里,"父父、子子、君君、臣臣"都有严格的界限,父为子纲,君为臣纲,不可越雷池一步。

如此开明的观点出现在宋代,足见袁采在父子兄弟观念上的超前意识。这种超前意识在魏晋南北朝思想活跃的时代里曾经有过表现。《世说新语·言语篇》记载了这样一则故事:钟毓兄弟俩小时候,一次正碰上父亲白天睡觉,于是他俩一块儿偷药酒喝。他父亲当时已睡醒了,姑且假装睡着了,来看他们怎么做。钟毓行过礼才喝,钟会只顾喝,不行礼。过了一会儿,他父亲起来问钟毓为什么行礼,钟毓说:"酒是完成礼仪用的,我不敢不行礼。"又问钟会为什么不行礼,钟会说:"偷酒喝本来就不合于礼,因此我不行礼。"钟毓、钟会两兄弟从小时候起,便有对同一事物的不同看法。行礼与不行礼,本是截然相反的观点,兄弟二人各有自己的理由。其父分别询问了各自的理由,足见他也并不是希望二人观点相同,性不可以强合,恐怕钟氏兄弟之父认识已比较清晰了。

然而可悲的是,当历史发展到清代时,《红楼梦》中的贾政依然固守着迂腐的君臣父子观念,充当了一个切切实实不折不扣的封建卫道士。他在儿子贾宝玉身上贯彻了可怕的封建法西斯主义。宝玉本来"顽愚怕读文章",最讨厌沽名钓誉的国士禄蠹之流。当薛宝钗劝谏他走仕途时,他便道:"林妹妹若是这样,我早和她生分了。"从小喜欢在脂粉堆里混,谈到功名便萎靡不振的贾宝玉无论如何也不能理解父亲的所作所为。而贾政从他自身出发,怎么也理解不了宝玉为何这般"没有出息"。性不可以强合,可惜的是贾政与贾宝玉都没理解到这一点。父子本是两代人,上一代的固有思想在下一代看来无法理解,下一代的叛逆在上一代看来简直是大逆不道。思想冲突的直接后果便是:宝玉越来越对自己的生存环境感到厌倦,贾政越来越对儿子的不求上进求全责备,最终结果是儿子纵然按照父亲的意愿,考取了功名,却并没有"接续香火",重振家业,而是遁入空门,以求得真性的复苏,灵魂的止泊。人性是复杂的,刘再复《性格组合论》对这个问题作了深刻的阐释,即便是同一个人,其身上的几种性格特征也会发生矛盾,而况不同的人,不同年代的父子兄弟之间呢?倘若贾政真能用客观的眼光打量一下宝玉的话,说不定对他心灵深处的纯洁会欣赏不已,倘若宝玉能对父亲的苦心做一番刨根问底儿的话,也不至于对父亲视若仇敌。至少能增添一丝怜悯,唤醒真切的父子亲情,或许结果也不至于太惨。

人宜将心比心

【原文】

人之父子,或不思各尽其道,而互相责备者,尤启不和之渐也。若各能反思,则无事矣。为父者曰:"吾今日为人之父,盖前日尝为人之子矣。凡吾前日事亲之道,每事尽善,则为子者得于见闻,不待教诏而知效。倘吾前日事亲之道有所未善,将以责其子,得不有愧于心!"为子者曰:"吾今日为人之子,则他日亦当为人之父。今父之抚育我者如此,畀付我者如此,亦云厚矣。他日吾之待其子,不异于吾之父,则可以俯仰无愧。若或不及,非惟有负于其子,亦何颜以见其父?"然世之善为人子者,常善为人父,不能孝其亲者,常欲虐其子。此无他,贤者能自反,则无往而不善;不贤者不能自反,为人子则多怨,为人父则多暴。然则自反之说,惟贤者可以语此。

【译文】

在社会生活中,父与子之间,有的彼此不思虑自己的职责,却责备对方,这是导致父子不和的最重要的原因。如果父与子各自都能反思一下自己,那么就会相安无事。做父亲的应该这样说:"我现在做别人的父亲,从前曾经是别人的子女。大凡我原来侍奉父母的原则是每事求尽善尽美,那么做子女的就会有所闻见,不等做父亲的去教导他们,他们就会明白怎样去对待父母了。倘若我过去侍奉父母未能尽善尽美,却去责备孩子不能做到这些,难道不是有愧于自己的良心吗?"做儿子的应该这样说:"我今天做别人的儿子,日后肯定会成为他人的父亲。今日我的父亲这样尽心尽力地抚养培育我,并且为我付出许多心血,可以称得上是厚爱了。日后我对待自己的子女,只有做到与我父亲待我的程度一样,才可以无愧于自己的良心。如果做不到这些,不仅仅有负于子女,更无颜面去见父亲。"世上的人善于做儿子的,常常也很善于当别人的父亲,不能够孝事其父母双亲的,也常常想虐待其子女。其中没有别的道理,贤达的人能够自己反省自己,那么就会做事稳当少出差错。不贤达的人不能够反省自己,做儿子多怨恨,做父亲多暴戾。那么自己反省自己的道理,只有贤达的人才可以谈论。

【评析】

"上有老,下有小"是中年人对于生活劳累的感慨。大凡有头脑,有德行的人总是尽自己最大的所能,让父母在有生之年生活得幸福,总是想方设法抚育培养自己的子女,希冀他们有所成就。这种人生来就懂得反思,作为人子,能切身体会到父母抚养孩子的呕心沥血,因此他待父母尽心,待子女尽力。他的这种尽心尽力的做法,上得之于父母的言传身教,以身作则,对下又成为子女的楷模与榜样。

《世说新语·德行篇》:"谢公夫人教儿,问太傅:'那得初不见君教儿?'答曰:'我自教儿。'"这个故事是说谢公的夫人在教导儿子时,追问太傅谢安为什么从来不见他教导儿子,谢安回答说他是以自身言行来教导儿子的。

谢安的作法就是促使儿子反思从而达到教育的目的的。儿子从父亲的一言一行、一举一动中揣摩出为人之子应怎样做,为人之父应怎样做。日常生活中,父子不和甚而至于分崩离析,仇敌相对。这其实是一种极为不明智的举动。父亲不明白自身当以身示范,儿子也不能够从父亲身上得到一丝一毫的启示。

处家多想别人长处

【原文】

慈父固多败子,子孝而父或不察。盖中人之性,遇强则避,遇弱则肆。父严而子知所畏,则不敢为非;父宽则子玩易,而恣其所行矣。子之不肖,父多优容;子之愿愨,父或责备之无已。惟贤智之人即无此患。至于兄友而弟或不恭,弟恭而兄不友;夫正而妇或不顺,妇顺而夫或不正,亦由此强即彼弱,此弱即彼强,积渐而致之。为人父者,能以他人之不肖子喻己子;为人子者,能以他人之不贤父喻己父,则父慈爱而子愈孝,子孝而父亦慈,无偏胜之患矣。至如兄弟、夫妇,亦各能以他人之不及者喻之,则何患不友、恭、正、顺者哉!

【译文】

过于慈祥的父亲容易造就败家子,儿子的孝顺有时却并不被父亲所觉察。大概依平常人之性情来说,碰到强大的事物就会回避,遇到软弱的事物就会大肆放纵。父亲严肃,儿子知道自己该畏惧什么,那么就不敢胡作非为;父亲宽缓,儿子对一切事物都持轻视态度,因而放纵自己的行为。对于儿子的不肖,父亲多宽容;对于儿子的谨慎诚实,为父的有时责备不已。只有贤达充满智慧的人才没有此种祸患。至于那些兄长友爱弟弟,弟弟却不敬重兄长的,弟弟尊敬兄长,兄长却并不爱惜弟弟的;丈夫正派,妻子却不和顺,妻子和顺而丈夫不正派的,也是由于一方强大了,另一方就很弱小;一方弱小,另一方就会强大,这是由逐渐积累而形成的。做父亲的,如果能将他人的不肖子与自己的儿子作比较;做儿子的,如果能将他人不贤达的父亲与自己的父亲相比,那么父亲慈祥和顺,儿子就会愈加孝顺;儿子孝顺父亲就会更加慈爱,这样就避免了偏颇的隐患。至于兄弟、夫妇之间,如果也各自都能以他人的缺点与自己亲人的优点去比较,那么还怕自己的亲人对自己不友爱、不恭敬、不正派、不和顺吗?

【评析】

父慈子孝,兄友弟恭,夫正妻顺,恐怕是从孔子时代便开始的关于家庭伦理的最高境界。然而有所谓父慈子不孝,兄友弟不恭,妻顺夫不正,或者相反。在袁采看来,出现这种事与愿违的不平衡现象,实是由于父与子、兄与弟、夫与妻之间没有真正理解到彼此的价值与优点所导致的。

如果双方都能从彼此的言行中发现值得赞许的一面,意识里便有了尊重人性的平等观念。父慈子孝、兄友弟恭、夫正妻顺便也顺理成章了。当然棍棒底下也会出孝子,可在严父的棍棒下,儿子"战战兢兢,如临深渊,如履薄冰",这种孝子很大程度上是表面上的"孝",形式上的"孝",并没有发自内心地对父亲的尊敬。贾宝玉在父亲贾政的威逼之下,不得不学习"四书五经",不得不去应考,内心的反叛很少敢与父亲发生面对面的冲突,但他却根本不是孝子,甚至连父子之间最纯洁的父子亲情在宝玉身上也无明显表露。

司马迁的父亲司马谈并没有多少威严令司马迁战战兢兢,但父亲没有棍棒并不等于父亲纵容他。早年,父亲支持他学习,支持他漫游,使他变得见多识广。临终之际,父亲留下遗言,一定要司马迁完成《史记》。司马迁对于父亲的遗愿从不敢懈怠,"李陵之祸"使他遭受了不应有的宫刑,这对司马迁来说,简直是奇耻大辱,比死还难以忍受。然而,他没有死,他不能辜负父亲的一片丹心,他希冀"究天人之际,通古今之变,成一家之言。"他活了下来,为了父亲,也为了事业。这种孝是有沉重的历史内容包含在其中的。

居家贵宽容

【原文】

自古人伦,贤否相杂。或父子不能皆贤,或兄弟不能皆令,或夫流荡,或妻悍暴,少有一家之中无此患者,虽圣贤亦无如之何。譬如身有疮痍疣赘,虽甚可恶,不可决去,惟当宽怀处之。能知此理,则胸中泰然矣。古人所以谓父子、兄弟、夫妇之间人所难言者如此。

【译文】

自古以来的人伦关系,贤达和不肖相杂。有的父子不能够都做到贤达,有的兄弟不能够都做到美好,有的丈夫随便放荡,有的妻子悍厉粗暴,很少有一家中能免此患。即使圣贤之人也无可奈何。正如身上生有创伤和脓疽疮痛,虽然甚为可恶,却不能够除去,只应该以宽怀之心来对待。如果能知道这样一个道理,那么对待此事就会非常坦然。古人所谓父子、兄弟、夫妇之间难以言说的就是这些。

【评析】

"大度能容,容天下之事。"这是弥勒佛的风度。人们往往对他羡慕不已。那似乎有点"傻"气的笑容,令无数人拜倒。人伦关系最难处理,俗语说得好:清官难断家务事。于家庭问题的处理上,最好学学弥勒佛的精神。处家确实需要宽容。

"金无足赤,人无完人",人的缺点有如生长于身上的附赘悬疣一样,无法除掉,却又深恶而痛绝之。家庭中,如果彼此不能够容忍互相的缺点,就会使家庭不和。退一步海阔天空,凡事以宽容之心对待之,其实什么事都很简单。陶渊明生活在东晋时代,尽管那个时代是思想活跃的时代,各种思想允许并存,然而,在陶渊明身上所体现出的主导思想依然是儒家思想,很注重子继父业,有所成就。令人难以置信的是,他虽有五个儿子,却没有一个可以值得称道的,都不喜欢读书。大儿子十六岁,懒惰无可匹敌;二儿子虽已是"志学"的年龄,却也并不爱好文术;三儿子十三岁,只懂得寻找梨与栗去吃,毫无一点喜欢读书的意思。小儿子不知怎样,陶渊明没有说,恐怕除了吃以外,也不会对读书感兴趣。在这样的情况下,陶渊明确实痛苦过,但是对无可奈何之事一味痛苦下去,非但是徒劳的,且是有害的。他便以宽容之心对待之:"天运苟如此,且进杯中物。"既然上苍让我这样,我只能喝酒聊以自慰。结果陶渊明的家庭生活还是很和谐的。

曹氏兄弟却没有认识到"宽容"的重要性。曹操死后，曹丕极力诛杀同胞兄弟，尤其对曹操生前较偏爱的曹植迫害尤深。曹植在一首诗里抒发了自己的忧愤："本是同根生，相煎何太急。"兄弟相互猜忌，迫害，实是人生中极为难奈之事。

夫妻关系更是需要彼此的宽容，才能使整个家庭机器正常运转。在我国最早的诗歌总集《诗经》里，有一首叫《氓》的弃妇诗，其中所反映的一切就说明了这个道理。开始时一个叫"氓"的男子，以买丝为由，向女子传达了自己的爱情。氓着急得连良辰吉日都等不到，信誓旦旦，骗取了女子的感情。然而，女子嫁过去之后，受尽劳累，为维持家庭生活日夜操劳，以至于面容再也没有从前那样娇嫩了，此时氓开始嫌弃女子，不能以大男子的精神宽容地对待自己的妻子。最终导致了家庭的破裂。中国古代社会以男权为中心，男子将女子看作是自己的私有财产，很少能以平等的态度审视一下身边妻子的喜怒哀乐。即便这样，遭抛弃的女子依然大有人在。宽容哪里去了？

现实社会中，离婚日渐成为"时代潮流"，以至于使每一个人在这扇大门面前都诚惶诚恐。很难想象昔日花前月下，海誓山盟的情侣有朝一日大打出手，分崩离析，视同路人。这是情感悲剧，也是人生中最难以忍受的精神危机。因为这种危机任何东西都无法补救。黄金有价，情义无价，一旦付出之后，便应小心谨慎地去维系它，这就需彼此的宽容之心。设身处地为对方着想，从对方的角度出发去看待他所做的一切，不易发生误会，坦诚相待，也不易出现情感危机。

父兄之间莫辩曲直

【原文】

子之于父,弟之于兄,犹卒伍之于将帅,胥吏之于官曹,奴婢之于雇主,不可相视如朋辈,事事欲论曲直。若父兄言行之失,显然不可掩,子弟止可和颜几谏。若以曲理而加之,子弟尤当顺受,而不当辩。为父兄者又当自省。

【译文】

儿子对于父亲,弟弟对于兄长,犹如军队里的小兵对于将帅,官府中的小吏对于官长,奴仆婢女对于雇主一样,不可以相互对待如朋友,每件事都想争论出是非对错。如果父亲、兄长的言论行动失误明显得几乎不可掩饰,儿子、弟弟仅而止于和颜悦色地多次规劝。如果父兄把歪曲之理加在子弟身上,子弟也应该顺从地承受,却不能当面争辩。同时,做父兄的又当自己反省自己。

【评析】

家庭需要和睦,这就要求人们在人伦关系的处理上采取宽容的态度。

生活是现实的,同时也是琐碎的,有时并不需要是非曲直被分辩得清清楚楚。因为家庭关系是靠血缘关系来维系的,这就给此种社会关系平添了几许特殊的意味。

父慈子孝,兄友弟恭,家庭和睦,确实没有必要事事都争个高下曲直。父兄错了,屡次规劝,若仍不奏效,做子弟的也不用面红耳赤,争个是非,只顺从忍受就可以了。事后,贵于反思的父兄发现自己错了,就会改掉。

袁采将父之于子、兄之于弟的关系比作士兵之于将帅、差役之于官长、奴婢之于雇主总不大妥当,可在封建社会里,这确实是一种不被人所怀疑的事实,父是一家之长,是家庭最高权力的执行者,他既然给了儿子生命,也就有权利来支配他。因此,贾政就可以狠心地把宝玉往死里打。可以不分清红皂白,不分事非曲直。在这种情况之下,宝玉也不容分辩,根本不用分辩,分辩只能带来更加沉重的棍棒。

不管父亲强加给儿子的是什么,父亲的出发点终归是好的,"可怜天下父母心",父亲绝对不会去伤害儿子,贾政的暴怒也是一种恨铁不成钢的体现。这样看来,儿子的争辩纯粹是一种徒劳。

今天,父兄不可论是非的观点被人们看作"愚孝",儿子可以不听从父亲的意旨选择自己的婚姻,选择自己的职业。

　　时代不同,思想观念不同,曾经在某个历史阶段是真理的东西,时过境迁之后,变得没有人能够理解与接受。正如妇女缠小脚,在一段时间内被认为是美的象征,然而今天的我们谁也不会赞同,也欣赏不了这种摧残身心的美。

莫大之祸,起于须臾之不忍

【原文】

人言居家久和者,本于能忍。然知忍而不知处忍之道,其失尤多。盖忍或有藏蓄之意。人之犯我,藏蓄而不发,不过一再而已。积之既多,其发也,如洪流之决,不可遏矣。不若随而解之,不置胸次。曰:此其不思尔。曰:此其无知尔。曰:此其失误尔。曰:此其所见者小尔。曰:此其利害宁几何。不使之入于吾心,虽日犯我者十数,亦不至形于言而见于色,然后见忍之功效为甚大,此所谓善处忍者。

【译文】

人们常说为人家能经常和睦的原因,本于能够忍耐,然而徒知忍耐而不明白如何去忍耐,其中的失误会更多。大概忍耐中有的具有隐藏蓄积的意思在内。别人冒犯了我,我埋藏隐蔽而不发露,这种做法仅适用于一两次罢了。积蓄得越多,发泄之时,越像洪流决口,不可穷尽。不如将愤懑随时发泄,随时调解,不存留于胸中为好。并且自己安慰自己,不妨对自己说:他这样做是没有经过深思熟虑的;他这样做是愚昧无知的表现;他这样做是失误所导致的;他这样做是目光短浅,见识狭窄的原因;他这样做对我来说又有多大的利害关系呢? 不使这种干扰进入我的心中,即使每天冒犯我数十次之多,也不至于在言语表情上表现出任何的愤怒之色,这样才能看出忍耐的功效是多么巨大啊,这才是善于忍耐的人。

【评析】

"忍"字在现代人看来是一个时髦的字眼,你可以在某个人的脖子上发现带有"忍"字的吉祥物,你可以在某些人的钥匙链上看到刻有"忍"字的装饰品,"忍"字如此受青睐,反映了现代人在处世哲学上对"忍"之境界的追求。可以随时提醒人们——"忍"。一时之忍,可以成就一个人,也许,一时之不忍,会使一个人从此失去历经千辛万苦所碰到的机遇。世界就是这般乖谬,世事就是如此易变,每一个人须谨慎从事。

小到家庭关系的处理,大到国家问题的解决,其中人为的因素便会涉及到怎样处事,怎样待人,怎样接物。处事,待人,接物,有的人能左右逢源,使彼此相安无事,且乐意更进一步合作,有的人却在某些环节上一时不能克制,使整个形势急转直下,一发而不可收拾。

越王勾践"卧薪尝胆"的故事,几乎可以说是家喻户晓的。人们只理解他怎样历经磨难而苦尽甘来,然而,作为一个封建帝王,能屈身为臣,是"忍"了多大的"不能忍"之事啊。越国被吴国打败之后,越王勾践派大夫文种请求投降,声称自己亲自充任吴王的臣下,而自己的妻子为吴王的妾,并把国中所有宝器一并献给吴国。此时,不听子胥良言劝谏的吴王夫差,一意孤行,竟然美滋滋地接受了投降的越国、越王以及所有金银财物,其实是养虎为患。勾践反国,苦身焦思,置胆于坐,坐卧便仰视苦胆,饮食时亦尝胆,说:"你难道忘记会稽之耻了吗?"

他亲身下地耕作,夫人自己织布,食不加肉,衣不重彩,礼遇贤人,厚遇宾客,赈济贫民,吊丧问死,与百姓同劳作。终于一举灭吴,雪洗国耻,"忍"了苦之后,必然会有"甜"。

古语中有所谓"小不忍则乱大谋",一时之愤怒,却延误了大事。

《史记·魏其武安侯列传》记载了这样一件事:魏其曾为吴相,因太子事得罪窦太后,太后除魏其门籍,不得入朝请。武安侯田蚡是外戚,因王太后的缘故,日渐显耀,魏其失势,宾客日益疏远他,独独灌夫与他交好。武安侯暗中不满魏其侯与灌夫,只是自己仍有小辫子被他们揪着,无法构陷。正在这时,武安侯取燕王女为夫人,太后有令,列侯宗室都得前去庆贺。魏其与灌夫同去,饮酒酣,武安起身敬酒,在座的宾客都避席,等到魏其起身敬酒之时,只故旧朋友避席,剩下的一半都半膝席。灌夫在这件事上极不高兴,也起身敬酒为寿,行酒至临汝侯,临汝侯正与程不识耳语,又不避席,于是他在愤怒之极的情况下骂了临汝侯:"生平毁程不识不知一钱,今日为长者寿,乃效女儿咕嗫自语!"这就是有名的"使酒骂座",这样一来,使坏人得逞,武安侯有了陷害二人的得力证据,不费吹灰之力就打败了自己的政敌。呜呼哀哉! 由于一时之不忍,则铸就了永不可挽回的大错!

苏秦在游说秦王连横失败之后,"妻不下红,嫂不为炊,父母不与言。"境况非常凄凉。他闭门读书,"头悬梁,锥刺骨"终于在合纵的计策上取得了成功,由布衣一跃而为卿相,这也同样经历了一个"忍"的困苦过程。

司马迁在受宫刑之后,隐忍苟活,历经千辛万苦,完成了伟大的著作《史记》。倘若他不能忍这种"奇耻大辱",而自杀解脱的话,我们今天就不会看到这部以血写成的奇书了。

现代人的日常生活,喧嚣而又繁杂,更显出了"忍"的重要性。"忍"可以使现代人浮躁的心态趋于平和。就拿交友来说吧,大家都承认"人无完人",但在朋友的缺点一个接一个暴露之时,你可能会在某一关键时刻控制不了自己的愤怒,而大发雷霆。然而,当你的余愤还没有消失殆尽之时,你们之间多少次苦心经营的友谊之门已被冲垮,纵有回天之力也无补于事。心灵的创伤是无法弥补的。

"心底无私天地宽",当你对周围的世事怀着一颗宽容的心的时候,当你在千钧一发之时克制了自己的愤怒之时,你就会觉得自己真正地走向了成熟。

亲戚之间莫记仇

【原文】

骨肉之失欢,有本于至微而终至不可解者。止由失欢之后,各自负气,不肯先下尔。朝夕群居,不能无相失。相失之后,有一人能先下气,与之话言,则彼此酬复,遂如平时矣。宜深思之。

【译文】

亲生骨肉之间不和睦,往往是本源于细小琐碎之事,却最终导致了终身失和。终身失和的原因恐怕是失和之后,彼此各怀气愤,谁也不肯先提出和解,谁也不肯认输。人与人朝夕相处在一起,不可能没有相互失礼之处,有了互相失礼之处,倘若其中的一人能够先主动讲和,与对方平心静气地把话说开,那么彼此的关系就会恢复,达到和好如初的目的。与人相处应该好好想一想这样的道。

【评析】

朝夕相处的骨肉至亲,由于一些小事日渐积累,导致失和,这是极为正常的。关键在于失和之后,努力加以恢复。

《左传·郑伯克段于鄢》记载了这样一个故事:当初之时,郑武公从申国娶妻,称为武姜。生庄公和公叔段。庄公出生之时为难产,惊吓了姜氏,所以给他命名为"寤生",于是姜氏极为厌恶庄公,喜欢公叔段,想把公叔段立为太子。屡次奏请武公,武公都不答应。等到庄公即位,姜氏为公叔段请求制这个地方,庄公则说,制这个地方,非常险要,虢叔死在那里,那里的人民只听从虢叔的命令。于是让公叔段居住在那里,称为京城大叔。祭仲劝谏道:"国家的都城超过百雉,是国家的祸患。先王定制,大都城不超过国家的三分之一,中级都城不超过五分之一,小型的不超过九分之一。今天京城这个地方不合先王法度,也不是先生的制度,您将无法控制这个地方。庄公说:"这是姜氏的意思,哪里能够违背呢?"并且告诉臣下,不用着急,不义之事做得多了,不待别人收拾,自己就会倒下。你们等着瞧吧。此时公叔段不断扩充自己的实力,将西鄙北鄙收为己邑,修缮甲兵袭击庄公,姜氏作为内应。然而,正是应了庄公的"多行不义,必自毙"的话,公叔段大败并出奔。

庄公于是将姜氏放逐于城颍。并且发誓说:"不到黄泉,永不相见。"说完之后,就有了悔意。颍考叔闻知此事,拜见庄公,庄公赐给他食物,他吃的时候,故意把肉留下了,公问原因,颍考叔则说:"我有母亲,我的食物她老人家都吃过了,但没品尝过您的食物,请求赐给她老人家。"庄公叹息道:"你有食物可以给母亲,我却不能。"庄公把悔意告诉了颍考叔,颍考叔则道:"您有什么顾虑呢?如果挖地及泉,在隧道中相见,谁敢说不是这样呢?"庄公听从了他的话。结局母子和好,"大隧之中,其乐也融融。""大隧之外,其乐也泄泄"。庄公与母亲姜氏的关系由于公叔段而日渐恶化,以至于失和。在这种情形之下,如果说庄公固执地不谅解母亲,母亲也固执地不请求儿子的原谅,就会导致终身失和。倘若母亲有朝一日,撒手人寰,庄公和母亲岂不是永无和好的机会?此时,庄公流露出悔意,做儿子的先主动要讲和了。结局皆大欢喜,令每一位看过这个故事的读者都潸然泪下。

当家需要理解

【原文】

兴盛之家,长幼多和协,盖所求皆遂,无所争也。破荡之家,妻孥未尝有过,而家长每多责骂者,衣食不给,触事不谐,积忿无所发,惟可施于妻孥之前而已。妻孥能知此,则尤当奉承。

【译文】

兴旺发达处于鼎盛时期的家庭,长幼之间相处多和谐美满,大凡所希望得到的都能满足,没有什么值得争论的东西。破败落拓之家,妻子儿女未曾有过失误,但是一家之长每每多责骂之声,连衣服食物都不能供给,遇事处理不妥,积累的怨愤无处发泄,只能在妻子儿女面前倾泻。妻子儿女如果能理解家长的这种不快与尴尬处境,最好的方法是顺从他,使他重新树立起自信心。

【评析】

漫长的封建社会史也是一部以男权为中心的封建家长制发展的历史。家长在对待妻子儿女时,可以不考虑他们的人格,也不关注他们的心理。家长如若遇到不顺心之事,回家之后就可以随便发泄。封建家长制多少有些灭绝人性。

舜是历史上有名的孝子。舜父瞽瞍盲,而舜母死,瞽瞍又要娶妻生象,像是一个很傲气的人。瞽瞍很爱自己的后妻及儿子,常常想杀舜,舜极力逃避;舜如果有小小的过失,常受到惩罚。尧非常看重舜,将自己的两个女儿都嫁给了舜,并赐给舜夏天穿的衣服,为他建筑仓廪,给他牛羊。即使这样,其父仍然想杀他。让舜修缮粮仓,瞽瞍从下纵火焚烧,舜则从旁边的竿子上滑下,没有死。后来瞽瞍又让舜下井,他与象一起往井里填土,舜从旁而出,仍未死。就是在这样的情况之下,舜待自己的父亲和弟弟却更加恭谨,舜登上帝位,拿着天子旗,亲自拜望自己的父亲瞽瞍,恭敬唯谨,如子道。

历史上有名的戏曲《琵琶记》,塑造了有情有义,忠贞不渝的艺术典型——赵五娘。在蔡伯喈进京赶考之后,家里发生灾荒,公婆几乎饿死,她向县令借粮养活公婆,自己却吃糠咽菜,她这种"偷偷摸摸"的举动,被公婆发觉后将她痛打了一顿。即便是这样,五娘自己也没有交代实情,还是公婆最终发现了"秘密",才知冤枉了这位好媳妇。顺从的媳妇以手捂土,掩埋了公婆的尸体之后,一路卖唱去寻找负义丈夫蔡伯喈,谁料蔡伯喈根本不肯与她相认,还是牛小姐识大体,才使赵五娘有了一个可喜的结局。赵五娘畏缩在公婆与丈夫的权威之下,从来就没有想到过自己,没有想到过自己要反叛,一味顺从是她一贯的个性。

其中的深味恐怕每一个现代妇女都无法体味。

顺适老人意

【原文】

年高之人,作事有如婴孺,喜得钱财微利,喜受饮食、果实小惠,喜与孩童玩狎。为子弟者,能知此而顺适其意,则尽其欢矣。

【译文】

年事已高的人,做事好像孩子一样,喜欢得到钱财上的小小利益,喜欢接受饮食、果实等好吃的东西,并且很愿意和孩子一块儿玩耍。为人子弟者,如若能明白这个道理而顺应满足老人的意愿,那么就会尽其所欢,使老人晚年过得幸福。

【评析】

老人是一面镜子,照见了几乎一个世纪的风风雨雨;老人是一部厚厚的哲学史,记载着人生怎样历经春、夏、秋之后进入冬的荒凉与落寞。然而,不管怎样,老人已老,他已退出左右势态发展的权利中心。我国又是一个儒家思想根深蒂固的国家,在如何面对老人的问题上,形成了近乎没有争议的观点:顺乎老人意。

《红楼梦》中的贾母,是贾府中年事最高,资格最老的人物。她是贾政的母亲,贾宝玉的祖母。在她身上体现出的便是怎样聚集儿孙们吃喝玩乐,儿孙们也是变着法儿哄老太太高兴。第四十回《史太君两宴大观园,金鸳鸯三宣牙牌令》,恐怕是王熙凤精心策划的哄老太太高兴的乐子。刘姥姥是一介贫穷的村妇,是贾府的穷亲戚,她来到贾府也是为沾点儿光。她何尝不知道她那样做只是制造一点儿笑料罢了,她并不傻。然而,她却装得傻里傻气,正是她精明过人之处,她明白王熙凤的心思。其中有这样的描写:只见一个媳妇端了一个盒子站在当地,一个丫环上来揭去盒盖,里面盛着两碗菜,李纨端了一碗放在贾母桌上,凤姐偏拣了一碗鸽子蛋放在刘姥姥桌上。贾母这边说声"请",刘姥姥便站起身来高声说道:"老刘,老刘,食量大如牛,吃个老母猪不抬头。"众人先都发怔,后来一听都哈哈大笑起来。

刘姥姥演出了一场滑稽戏。这场戏的幕后策划是王凤姐。假如史老太君明白幕后的一切,她肯定会再也笑不出来。大家都在敷衍她,装着逗她开心,哄着使她高兴,她却在笑声中无比惬意起来,殊不知"夕阳无限好,只是近黄昏"。不管怎样说,让老人在惬意中走进坟墓要比在失望中走进好得多。

笃孝感动天地

【原文】

人之孝行,根于诚笃,虽繁文末节不至,亦可以动天地、感鬼神。

尝见世人有事亲不务诚笃,乃以声音笑貌缪为恭敬者,其不为天地鬼神所诛则幸矣,况望其世世笃孝而门户昌隆者乎!苟能知此,则自此而往,凡与物接,皆不可不诚,有识君子,试以诚与不诚较其久远,效验孰多?

【译文】

人们的孝行,如果根源于真诚笃信的情感,即使有某些繁文缛节没有做到,也可以感动天地鬼神。

曾经看到世上的人很多侍奉父母双亲不真诚笃信,却以声音笑貌假装非常恭敬,他们的行为不被天地鬼神所诛杀就算是幸事了,又怎么能期望世代子孙都能做到至孝,并且使家族昌盛兴隆呢?人们如果真能明白这个道理,那么从此以后,待人接物,侍奉双亲,切不可不真诚,有见识的君子们,试着将真诚的行为与不真诚的行为相比较,看怎样更久远一些,看一看哪种做法的效果更好一些?

【评析】

对待父母,必须诚心诚意,这样才称得上是真正的孝行。

拿《水浒传》中的李逵来说,他性子急,脾气暴躁,有时不问青红皂白,杀人都不眨眼睛。然而,他对待自己的母亲,却是发自内心的,真诚的。当他在外,稍微混出了点儿人样子的时候,便想到了在家受苦的老母亲,立志将母亲接出来享福。背着双目失明的老母走在人迹罕至的大山之中,这时,母亲感到口渴,李逵便毅然去给母亲找水喝。至此,诚笃的孝行已表现得极为明显。没想到,李逵把母亲放进了虎口。回来之后,发觉老母已被老虎当作了午餐,他怒火中烧,根本没有考虑到自己的安危,便冲进了虎穴,喊道:"你吃爷一个,爷杀你一窝。"李逵真的杀了一窝老虎,令他遗憾的是,母亲终究没能享受人间的清福,撒手而去。

干宝的《搜神记》记载了这样一则故事:王祥性至孝,早年丧母,他的继母朱氏经常虐待他,并不断挑拨他和父亲的关系。就是这样,王祥在继母生病的时候仍极其孝顺。一次,王祥的继母要吃活鱼,正逢天寒地冻的隆冬,王祥便脱掉衣服,要剖冰得鱼,冰忽然自动融开了,一对鲤鱼从水中跃出,王祥拿上回到了家中。这便是有名的"卧冰求鲤"的故事。虽有点荒诞不经,但在荒诞的背后却隐藏着一个至理：笃孝可以感动天地。

更有一则关于老莱子娱亲的故事，显出了孝的诚笃。

春秋末年楚国隐士老莱子，年已七十，经常穿着五色斑斓的衣服像婴儿一样嬉戏在老迈的父母身边，又常常故意摔倒在地上，发出像婴儿一样的啼哭之声。

我们提倡"至孝"，赞同"孝"的笃诚，但反对"愚孝"。有这样一个故事真是令人触目惊心：汉代的郭巨家里非常贫穷，有一个三岁的儿子。郭巨的母亲经常把自己的那份食物分给孙子一半，郭巨对妻子说："贫穷到了不能供养母亲的地步，儿子又分母亲仅有的一点儿吃的，为什么不把儿子活埋了？"于是郭巨便挖坑准备活埋儿子。等到把坑挖到二尺深的时候，忽然挖到了一罐金子，罐上面贴着一张纸条，上面写着："天赐郭巨，官不得取，民不得夺。"结局自然是皆大欢喜。但其中杀儿子以供养母亲的孝，实属一种"愚孝"，我们很难对此种孝给予赞赏。

为人岂可不孝

【原文】

人当婴孺之时,爱恋父母至切。父母于其子婴孺之时,爱念尤厚,抚育无所不至。盖由气血初分,相去未远,而婴孺之声音笑貌自能取爱于人。亦造物者设为自然之理,使之生生不穷。虽飞走微物亦然,方其子初脱胎卵之际,乳饮哺啄必极其爱。有伤其子,则护之不顾其身。然人于既长之后,分稍严而情稍疏。父母方求尽其慈,子方求尽其孝。飞走之属稍长则母子不相识认,此人之所以异于飞走也。然父母于其子幼之时,爱念抚育,有不可以言尽者。子虽终身承颜致养,极尽孝道,终不能报其少小爱念抚育之恩,况孝道有不尽者。凡人之不能尽孝道者,请观人之抚育婴孺,其情爱如何,终当自悟。亦由天地生育之道,所以及人者至广至大,而人之报天地者何在?有对虚空焚香跪拜,或召羽流斋醮上帝,则以为能报天地,果足以报其万分之一乎?况又有怨咨于天地者,皆不能反思之罪也。

【译文】

人当处在婴孩时代,对于父母的爱戴和依恋是极为深切的。而父母对于处在婴孩时代的儿女,爱护怜惜之情也很深厚,抚养培育几乎到了无所不至其极的地步。大概由于父母和孩子相连的气血刚刚分离,相去还不算遥远,并且婴孩的声音笑貌本身便能取悦于人,得到人的疼爱的缘故吧!这也是造物者特意安排的自然而然的道理,使人类,使这个世界能生生不止,繁衍不息。即使是飞禽走兽、微生物等也是这个道理,当它们的子女刚刚脱离母体的时候,哺乳喂养极其关心。如果有意外的伤害降临到它们孩子身上之时,它们就会奋不顾身,挺身而出去保护孩子。然而,当孩子渐渐地长大之后,名分稍稍严格起来,感情也日渐疏远起来。此时父母极力要求尽自己最大的努力做到慈祥,子女们也力求做到至孝。飞禽走兽之类渐渐长大之后,母与子不相识,这是人之所以与飞禽走兽不相同的地方。但是,父母在孩子幼小之际,对他们爱念抚育之情,简直不可以用言语表达得尽。子女们即使终其一生承颜致养,孝顺父母,极尽孝道,也不能报答父母从小爱念抚育的恩情,况对有些人来说,根本不能尽孝道。凡是不能尽孝道的人,请他注意一下人类是怎样抚育婴孩的,其中的情爱的分量有多重,最终就会自己醒悟。正如天地孕育万物的至理,这种至理涉及到人类的又是那样广大,而人类怎样去报答天地呢?有的对着空中焚香跪拜,有的请道士做道场以祭祀上帝，认为这样就能报答天地至爱，果然能报答其万分之一吗？更何况那些对天地有埋怨责怪的人，这些都是不进行反思所造成的错啊！

【评析】

"受人滴水之恩，当以涌泉相报。"这是古人一句颇为激昂慷慨的至理名言。每一个人从"呱呱坠地"的一刹那起，便开始沐浴在父母的爱抚之下，那么这种源源不断的亲情之爱，当以什么来作为报答呢？只有至孝。即使至孝也只能报答得一部分恩情！对于父母，我们唯一的选择就是孝，人不可不孝。孟郊有诗云："谁言寸草心，报得三春晖。"

是啊，寸草能够报答得了三春的阳光吗？好在我们的父母不求你是否能报答得完完全全，彻彻底底，他们所希望的是，当你在飞黄腾达之时还时时记挂着他们，不时传来你异地的音讯，不时地听到你事业成功、家庭幸福、爱情甜蜜的捷报。我们的父母是伟大的，他们的爱是无私的，奉献得无怨无悔、淋漓尽致而又辛辛苦苦，你千万别辜负他们的心。

《红楼梦》中的呆霸王薛蟠，吃喝嫖赌无恶不作，不务正业，混入三教九流之中，毫无一点儿诗书气。在他的意识里，似乎只知道怎样胡吃海喝，怎样贪图美色并为此不辞辛劳。最典型的就是为了得到英莲，竟然打死了人，吃了官司，惹得薛姨妈为他担惊受怕，薛宝钗为他伤心落泪。就是这样一个人，也有孝心，在薛姨妈面前仍然表现出一个孝子的样子。

在古人的意识里，忠与孝是密切相连的两个因子，他们始终恪守的规矩就是"在外尽忠，在家尽孝"，忠孝不能两全的时候，他们往往痛不欲生。不管其功名心有多重，一旦父母亡故，总要回家守孝三年，这已经成为多少千年封建社会一个颠扑不破的"至理"，没有人提出过怀疑。

即便是在思想极为活跃的魏晋时代，人们在追求玄远超脱的神韵之际，仍然没有忘记"孝"这个字眼。陈仲弓任太丘长，当时有个小官吏假称母亲有病请假，事情被发觉，陈仲弓就逮捕了他，并命令狱吏处死。主簿请求交给诉讼机关查究他其他犯罪事实，陈仲弓说："欺骗君主就是不忠，诅咒母亲生病就是不孝，不忠不孝，没有比这个罪状更大的了。查究其他罪状，难道还能超过这件事吗？"

不忠不孝已够得上处死之罪，可见古人是极注重孝的。

父母爱子应适当

【原文】

人之有子,多于婴孺之时爱忘其丑。恣其所求,恣其所为,无故叫号,不知禁止,而以罪保母。陵轹同辈,不知戒约,而以咎他人。或言其不然,则曰小未可责。日渐月渍,养成其恶,此父母曲爱之过也。及其年齿渐长,爱心渐疏,微有疵失,遂成憎怒,抚其小疵以为大恶。如遇亲故,装饰巧辞,历历陈数,断然以大不孝之名加之。而其子实无他罪,此父母妄憎之过也。爱憎之私,多先于母氏,其父若不知此理,则徇其母氏之说,牢不可解。为父者须详察之。子幼必待以严,子壮无薄其爱。

【译文】

对于一般人来说,有了孩子,大多在孩子处在婴孩之时由于过分溺爱而忽略了孩子的坏毛病。放纵他们提出的各种要求,也放纵他们的各种各样的行为,他们无缘无故叫喊胡闹,不知道加以制止,却以此怪怨看护孩子的人。孩子欺侮了其他小孩,大人不懂得管教约束自己的孩子,却怪罪被欺侮的孩子。有的父母即便是承认孩子的所作所为是不对的,但又说孩子小没有必要责备。日积月累,养成了孩子的恶习,这就是父母过于溺爱孩子造成的过错。等到孩子渐渐长大,父母的溺爱之心渐渐淡化,孩子稍稍有过失,便会使父母感到极其厌恶进而大发雷霆,挑拣孩子小小的过错认为是很大的错误。如若遇到亲朋故旧,极尽装饰之能事,设立机巧之辞,历历陈数孩子的过失,并坚决地把大不孝之名加在孩子的身上。但是孩子着实没有其他的罪过,这是父母妄加憎恶的过错。极端的爱憎感情大多首先来自于母亲,父亲如果不懂得这个道理,仍然听信孩子母亲的话,认为她说的是不能改变、牢不可破的真理,那么也会犯同样的错误。做父亲的必须详细了解并观察儿子的言行,当孩子小的时候一定要严格地要求他,长大后也不应减少对他的爱。

【评析】

婴儿以一声啼哭预示了他的降临,但他却简单得犹如一张白纸,等待着周围的人为他描绘,而那支七彩的笔却大多操纵在了父母的手中。

父母供给他吃穿的同时也教会他如何在这个世界上生存,哪些事情应该去做,哪些事情不应该去做,婴儿在接受不断的教育中走向成熟,有朝一日,推开父母的双手,大胆地投入到生活的洪流中去,从此,他也承担起了孕育下一代的光荣使命。在不断的轮回与发展中,历史给了我们经验的同时也给了我们教训:不要过分溺爱孩子。

俗语说得好:"小时不管,到大上房揭瓦"。意即当小孩子处于可塑性阶级,大人纵容他的一切,不懂得教育他哪些事能做,哪些事不能做,那么长大成人之后,他会干出令父母吃惊又无奈的事情,这时父母毫无办法,后悔当初不该溺爱他。

我们并不是说,要像贾政那样,对待儿子像对待奴婢一样,任意打骂,不允许儿子有自己的想法,法西斯般地为孩子设计一切。我们是说,在保持父子亲情的同时,要肩负起教育的责任。

一代名医黄传贵,祖上世代行医。传至他已是"黄家医圈"的第七代。祖上立有规矩,医术传儿不传女,更不传给外人。黄传贵的父亲是一个勤劳俭朴的乡村医生,医术高明却并不以行医为生,不向父老收取医药费。他有很多儿子,独传贵聪明伶俐,便决定把"黄家医圈"的祖传秘方传给他。一经决定之后,小小的传贵便没有了自由的生活。开始时,父亲背他上山采药,教给他辨认草药的方法,规定他一天背多少药方,到后来父子二人可以同行于山间。这期间,父亲极为疼爱儿子,却也要求严格,倘若当天的药方子没有记熟,就会遭到呵斥甚至遭到棍棒之罚。"没有规矩不成方圆",黄传贵在父亲的辛勤培育下,有了扎实的中医学基础,以后他依靠自己的努力读了中学、大学,在祖国丰富的中医学领域里勤学苦练,终于在"癌症"这一医学领域的顽症中有了突破。海内外慕名而来的就诊病人不计其数。事业取得了辉煌的成功,他仍然没有忘记父亲儿时的教导,虽然父亲没能活到儿子扬眉吐气的那一天,但传贵的母亲等上了这一天。传贵在百忙之中,背着老母亲观看了人民大会堂,游览了长城,这一独特景观,引起了不少外国游人的观注。

孩子的未来掌握在父母的手中,从小给他一个权衡利弊的砝码,给他一个为人处世的工具,给他一种待人接物的方法,让他感受到父母爱他的同时也在他身上寄托了某种希望。

爱子莫若使其立业

【原文】

人之有子，须使有业。贫贱而有业，则不至于饥寒；富贵而有业，则不至于为非。凡富贵之子弟，耽酒色，好博弈，异衣服，饰舆马，与群小为伍，以至破家者，非其本心之不肖，由无业以度日，遂起为非之心。小人赞其为非，则有啜钱财之利，常乘间而翼成之。子弟痛宜省悟。

【译文】

人有了自己的孩子之后，必须使孩子有某种职业，贫穷的家庭使孩子有职业，那么就不至于受饥寒之苦；富贵之家，使孩子有职业，那么孩子就不至于由于无所事事而胡作非为。大凡富贵之家的孩子，沉湎于酒色，喜好赌博下棋，喜欢穿华丽的衣服，爱好装饰自己的车马，并且总是与不务正业的群小为伍，甚而至于使家庭破败，这并不是由于他们的本心不好，而是由于他们没有职业找不到事情可做，便容易生胡作非为之心。心术不正的小人对他们这种胡作非为大加赞扬，是为了得到美食和钱财的好处，常常趁虚而入，推波助澜，使他们坏事做得更多。孩子们应该对此有痛定思痛之后的清醒认识。

【评析】

闲极无聊，就会惹是生非。贫穷人家的子弟，从小就没有奢望拿着父母的钱去游游荡荡，在他眼中，父母唯一的企盼就是孩子能早日自谋生计，贴补家用，以减轻家庭的负担。因此，"穷人的孩子早当家"。

穷人的孩子很少能成为游手好闲的花花公子。相反，富贵之家倒是爱好声色犬马，喜欢大肆享受的"花花公子"的发源地。他们的孩子出生后面对的是锦衣玉食，面对的是父母倾其所有所提供的各种享受。在他们眼里，从来没有出现过忍饥挨饿受冻的凄惨场面，生活对他们来说，似乎不存在任何压力，只要肚子感到饿了，就会有食物呈现于前；只要天凉了，就会有温暖的衣服加之于身。他们整天无所事事，于是便出去结交狐朋狗友，任意放纵。然而，儿时的享受，青年时期的放纵种下的却是脱离父母后的悲哀、落拓与凄惨。

"薛蟠，幼年丧父，寡母又怜他是独根孤种，未免溺爱纵容，遂至于老大无成。"这是《红楼梦》对于薛蟠这个花花公子的描述。薛蟠从五岁开始就性情奢侈，言语傲慢，虽也上过学，不过略识几个字，因家有百万巨资，母亲可怜他幼年丧父,也不怎么管教他。他终日惟斗鸡走马,游山玩水而已。虽是皇商,一应经济世事,全然不知,不过赖祖父旧日情分,户部挂虚名,支领钱粮,其余事体,自有伙计家人等办理。

薛蟠就是在这样的环境中,由于终身无事可干,又有百万巨资可以任意挥霍,身边聚集着一些不三不四的吃客,怂恿他奢侈,纵容他堕落,终至于一事无成。进贾府住梨香院,不到一月的光景,贾宅族中凡有的子侄,便已认熟了一半。凡是那些纨绔气习者,莫不喜与他来往,今日会酒,明日观花,甚至聚众赌博嫖娼,渐渐无所不为,引诱的薛蟠比当日更坏了十倍。

薛蟠的典型事例,告诫人们,要让孩子有事可做,让他过得充实,否则就会使各种恶习有了可乘之机。

教子莫若使其有所学

【原文】

大抵富贵之家教子弟读书，固欲其取科第及深究圣贤言行之精微。

然命有穷达，性有昏明，不可责其必到，尤不可因其不到而使之废学。

盖子弟知书，自有所谓无用之用者存焉。史传载故事，文集妙词章，与夫阴阳、卜筮、方技、小说，亦有可喜之谈，篇卷浩博，非岁月可竟。

子弟朝夕于其间，自有资益，不暇他务。又必有朋旧业儒者，相与往还谈论，何至饱食终日，无所用心，而与小人为非也。

【译文】

大概富贵子家教育子弟读书，本来想让他们在科举中取得功名，并且更深一层探究圣贤言论行为中的精微之处。

然而，人的命运注定有的仕途不顺，有的却仕途畅达，各人的性情资质也不同，有的昏暗迟钝，有的明朗灵活，不能苛责每一个人都能达到预定的目标。尤其不能因为他们没有达到预期的目的而让他们放弃学业。

大凡子弟读书，本来就有所谓的没有用处的用处存在。子弟们读的书中也有许多看似无用其实有大用的书籍存在。史传中所记载的故事，文集中收集的奇妙的辞章，与那些阴阳、占卜、方技、小说之类的书籍收集在一起，其中也有许多可以谈论的好内容，篇章书卷浩浩荡荡，广博精深，并非一年半载或几个月所能浏览得完。

子弟们早晚沉醉在书籍中，自会有所收益，且来不及干其他行为不轨之事。又一定会有旧朋故交以儒学为业的，时常往来谈论学问，这样，子弟们就没有时间饱食终日，无所事事，而与小人为伍，为非作歹了。

【评析】

令子弟致学，在现代人的眼里，几乎是被全社会所认同的至理，但在古代封建社会里，人们读书是为了求取功名。倘若没有得到功名，在大人们的眼里，他们的书白读了，也就没有再读下去的必要了。穷人家的孩子不得不去帮着养家活口，富人家的孩子逍遥终日，都荒废了学业。殊不知，"书中自有颜如玉，书中自有黄金屋"，书读多了，人自然而然有了修养，无暇也不屑去干那些鸡鸣狗盗之事，从而也不会惹是生非了。

一代明君唐太宗，深晓教育子弟的重要性，为自己的儿子选择良师，并时时加以教诲，严肃地告诉他们："君子小人本没有严格的界限，做善事就成为君子,做恶事便成为小人,应当自己克制自己,使自己经常听到一些善事,切记不要放纵自己,从而使自己陷入被刑戮的境地。""如果不遵纪守法、接受教诲,忘掉礼法,必然导致被杀伐的悲惨结局,父母虽然极为怜悯,但又有什么办法呢?"可见,唐太宗深刻地认识到了不使子弟接受教诲,任其放纵的严重后果。

司马遹是晋惠帝的长子,少年聪颖,后被立为太子。但他既不喜欢学习,又不尊重师长,只喜欢和身边的人嬉戏。贾皇后平素就很嫉恨太子,于是暗地里指使宦官对太子进行教唆,劝他不必拘束,不想学习就别去学,要为所欲为,劝他动用严刑惩罚对自己进行劝谏的人。于是他一天天怠慢松懈,只在园中游戏,荒废学业的同时变得日渐暴戾,有敢冒犯者,他便用棍子击打。又让小商小贩到西园卖各种杂物,他坐收其利。他将用于众人的钱供他宠幸的人使用。舍人杜锡苦心劝谏,换来的是针刺的严酷惩罚。贾皇后趁机向晋惠帝进谗言,最终,司马遹被废为庶人,并被贾皇后害死,年仅二十三岁。不仅自毁了前程,也把性命葬送了。

从小荒废学业,沉溺于享乐之中,为所欲为,岂有不败之理?

薛蟠自小不爱学习,母亲纵容了他的傲慢与奢靡,终至一事无成,只以浪荡度日。

方仲永本为神童,由于废学,终至沦为普通人。不胜枚举的事例给了我们多少深刻的启示。

教子勿待长成之后

【原文】

人有数子,饮食、衣服之爱不可不均一;长幼尊卑之分,不可不严谨;贤否是非之迹,不可不分别。幼而示之以均一,则长无争财之患;幼而教之以严谨,则长无悖慢之患;幼而有所分别,则长无为恶之患、今人之于子,喜者其爱厚,而恶者其爱薄。初不均平,何以保其他日无争?少或犯长,而长或陵少,初不训责,何以保其他日不悖?贤者或见恶,而不肖者或见爱,初不允当,何以保其他日不为恶?

【译文】

一个人如果有好几个孩子,饮食、衣服的供给不能不平均如一;长幼尊卑的名分,不能不严谨;好坏是非之事,不能不分别。孩子小的时候让他看到这种平均如一的做法,那么长大后就不会有相互争夺财物的祸患;小的时候严格要求他们要严谨,长大之后就没有违背怠慢长辈之患;小的时候教给孩子是非好坏如何分辨,长大后就没有必要担心他们会作恶。现在的人们对待孩子,喜欢的,给予关心也多,不喜欢的,给予的爱怜很少。开始就没有平均如一的观念,怎么能保证日后他们不相互争夺呢?小辈冒犯长辈,长辈凌侮小辈,开始不加以训斥,怎么能保证日后孩子们不违背怠慢长辈呢?品行端庄贤达的孩子被厌弃,不肖子孙被疼爱,怎么能保证日后孩子们不做坏事呢?

【评析】

辨别贤愚,分清是非,平等待人,不冒犯长辈,这些都是一个人的美德。然而,美德的养成是要从小开始,逐步进行的。这是古人经验的总结与积累,对今人依然有极为深刻的借鉴意义。

古代贤良方正之士,往往对其子孙们的要求从小便极为严格。

贞观年中,皇子中年幼的多数授给都督、刺史的官职,建议大夫褚遂良上书劝谏唐太宗,认为陛下儿子当中,年龄尚小还不能胜任治理百姓的,请暂且留在京城,用经学教育他们:一是让他们畏惧上天之威,不敢违反禁令;二是让他们观看朝廷的礼仪,自然而然懂得各种礼节规矩。这样时间长了,他们明白了做人的道理,审察他们确实有做刺史的能力,再派遣他们去也不晚。

北周宣帝宇文赟是武帝宇文邕的长子,在做东宫太子的时候,武帝担心他不能继承帝业,严厉管教。在朝廷进见时,要求他在礼节方面和其他大臣完全一样,不能有特殊。即使是隆冬酷暑,也不能休息。他喜欢喝酒,武帝却不允许有酒送入东宫。每次犯了错误,武帝就用棍棒来惩罚他。并吩咐东宫的官吏记录他的一言一行,每个月向武帝汇报。

　　皇帝重视自小对子弟的教育,普通百姓也同样懂这个道理。孟子的母亲,为了使儿子有一个好的生长环境,竟然搬家三次,这就是历史上有名的"孟母三迁"的故事。因为她懂得,孩子小的时候,可塑性很强,且易受环境的影响,必须在这一阶段上把好关,当他形成自己的人生观、价值观之后就不存在这方面的危险了。

　　王安石曾经写过《伤仲永》,仲永自小是一个神童,不经师长点化,便能写出好诗。因此,其父整天带着儿子出席富人的宴会,儿子仲永整天给富人作诗,结局是仲永"江郎才尽",再也做不出一首好诗。我们为仲永惋惜的同时,也接受了深刻的教育:后天教育非常重要,即便是从小时候起,这个孩子就有超出常人的天赋。

父母爱子不可偏

【原文】

人之兄弟不和而至于破家者,或由于父母憎爱之偏,衣服饮食,言语动静,必厚于所爱而薄于所憎。见爱者意气日横,见憎者心不能平。

积久之后,遂成深仇。所谓爱之,适所以害之也。苟父母均其所爱,兄弟自相和睦,可以两全,岂不甚善!

【译文】

对于人来说,兄弟不和睦导致家庭破坏的原因有的是因为父母对孩子们的偏爱造成的。衣服饮食言语行动必然表现出对于所偏爱的人极为丰厚、和颜悦色,而对于所憎恶的人极为寡薄冷淡。

被厚爱的孩子日益变得意气骄横,被憎恶的孩子心中日益不能平衡,积累久长之后,逐渐结成深仇。所谓的爱,正是害了他们,倘若父母把自己的爱平均地分给每一个孩子,兄弟可以自相和睦,这种两全其美的作法,难道不是很好的吗?

【评析】

父母应当平等地对待每一个子女,不能有所偏爱。否则,被偏爱的孩子,以为接受别人多余的爱是理所当然的,而对于不被偏爱的孩子来说,心中愤愤不平,甚至使孩子的心理发展不健全,造成某种心理疾病。曹操是三国时期有名的大政治家,大军事家,甚至也是一位大诗人,在用人上注重"唯才是举"的原则。然而,在对待儿子们这个问题上,做得极不民主。拿曹丕和曹植来说,他喜欢曹植,曹植的气质更像一个诗人,他"骨气奇高,辞采华茂",对曹植的偏爱,无形中给有点儿政治头脑的曹丕以极大的压力与不平。就是因为父亲的态度导致了二人的不和,直至最后曹丕登上君主之位以后,大肆迫害曹植及其党羽,杀戮兄弟。曹植几次在诗中谈到这种迫害:《野田黄雀行》这样写道:"少年见雀悲,罗家得雀喜。""利剑不在掌,结友何须多。"明显地是在影射曹丕对他的残酷迫害。更有一首被周恩来用来比喻"皖南事变"的诗,几乎是脍炙人口,家喻户晓:"煮豆燃豆萁,豆在釜中泣,本是同根生,相煎何太急。"就是在这样的环境中,曹植被迫害致死。

宝玉挨打,有时就是由于父母对孩子偏爱不均,造成兄弟不和所导致的。贾环与宝玉同出于一个父亲,只是由于贾环乃妾赵姨娘所生,生性又恶劣,不讨人喜欢。宝玉是贾府上下的命根子,又生得眉清目秀,众人对待他自是极为偏爱。在这样的情形之下，不仅贾环自觉不平，连母亲赵姨娘的肺都要气炸了，然而，气归气，这毕竟是无可奈何之事。

正巧由于琪官之事，忠顺亲王府里有人来找宝玉对质，气坏了贾政。此时贾环带着几个小厮一阵乱跑，贾政赶快喊打，贾环忙上前说道："井里淹死了一个丫头，我看见人头这样大，身子这样粗，泡得实在可怕，所以才赶着跑过来。"贾政听了惊疑，问道："好端端的，谁去跳井？"贾环拉住父亲的袍襟，贴膝跪下道："父亲不用生气，此事除太太房里的人，别人一点儿也不知道，听母亲说——"说到这里，便回头四顾，贾政知意，将眼一看众小厮，小厮们明白，都往两边后面退去。贾环便悄悄说道："我母亲告诉我，宝玉哥哥前日往太太屋里，拉着太太的丫头金钏儿强奸不遂，打了一顿，那金钏儿便赌气投井死了。"其实，根本不是宝玉逼死了金钏儿，而是太太有成见，看到金钏儿长得漂亮，认为必定不是个好东西，才借机训斥了一顿，不想金钏儿性子烈，自尊心强，酿出了这等惨剧。贾环趁机进谗言，使贾政火上浇油，终于使宝玉着着实实挨了一顿打，要不是老太太出面，打死也未可知。

父母多念贫子

【原文】

父母见诸子中有独贫者,往往念之,常加怜恤,饮食衣服之分或有所偏私,子之富者或有所献,则转以与之。此乃父母均一之心。而子之富者或以为怨,此殆未之思也,若使我贫,父母必移此心于我矣。

【译文】

父母看到几个孩子中有一个独独生活过得很贫穷,往往就会多挂念他,常常对他加以贴补,在分配衣服饮食之时,对他就会有所偏爱。孩子中富裕的有时给他们东西,他们会转而把这些东西给了贫子。这是父母均一之心使之然也。但是富裕的孩子们对父母的此种做法报以怨恨。这实在是不仔细思考啊,假若是你自己很贫穷,父母一定会把这份多余的爱加在你身上的。

【评析】

"损有余而补不足",这是天下之常道。尤其是做父母的,看到自己有的孩子过得凄凄惨惨,有的孩子过得风风光光,自然对穷孩子投去更多的关注,他并不是不疼爱富裕的孩子,而是对他们更放心的缘故。

当然,这里的"贫"也不光指物质生活上的贫穷,还指肉体上的贫病。一家之中,健康的孩子,父母对他寄予了很高的期望,要求也极为严格;而对于有生理疾病的孩子,父母总觉得他生活得不容易,赤子之心促使他们对贫病的孩子给予太多的关心,而忘却或忽略了对他们的期望。

贾母对孙子辈中的黛玉很疼爱,除了宝玉之外,对黛玉的关心最体贴入微。因为她认为,黛玉幼年丧母,比起元春、探春、惜春、迎春姐妹来说,更有人生中极是无奈的缺憾。同时,黛玉又体弱多病,比起宝钗来说,也缺少精力充沛的青春活力。

待子孙不可有厚薄

【原文】

人于子孙,虽见其作事多拂己意,亦不可深憎之。大抵所爱之子孙未必孝,或早夭,而暮年依托及身后葬祭,多是所憎之子孙。其他骨肉皆然。请以他人已验之事观之。

【译文】

大凡人对于子孙,虽然有的子孙办事经常违背自己的意愿,但你也不要太憎恨他。有时候,你所喜欢、疼爱的子孙长大了未必就孝顺你,或者年纪不大就夭折了。这样,你晚年所依靠的与能够为你料理身后事的,往往是你不喜欢的子孙。对待其他亲戚也都是这个道理。请你看看先前已经有过的例子。

【评析】

世界上的事情最是易变,与你关系好的人,不一定处处能帮你的忙。

而有时候,有些事,也许正好需要一个与你平时有隔阂的人帮忙,如果生活中真的出现这样的情况,岂不尴尬?鉴于此,我们还是平时得饶人处且饶人,不要过多地与人结怨。

爱幼子，人之常情

【原文】

同母之子，而长者或为父母所憎，幼者或为父母所爱，此理殆不可晓。窃尝细思其由，盖人生一二岁，举动笑语自得人怜，虽他人犹爱之，况父母乎？才三四岁至五六岁，恣性啼号，多端乖劣，或损动器用，冒犯危险，凡举动言语皆人之所恶。又多痴顽，不受训诫，故虽父母亦深恶之。方其长者可恶之时，正值幼者可爱之日，父母移其爱长者之心而更爱幼者，其憎爱之心从此而分，遂成迤逦。最幼者当可恶之时，下无可爱之者，父母爱无所移，遂终爱之，其势或如此。为人子者，当知父母爱之所在，长者宜少让，幼者宜自抑。为父母者又须觉悟，稍稍回转，不可任意而行，使长者怀怨，而幼者纵欲，以致破家。

【译文】

出于同母之子，年龄大的孩子大多被父母所憎恶，年龄小的孩子却大多为父母所厚爱，这个道理几乎没有人能够清清楚楚地懂得它。我曾经私下里一个人仔细思考其中的原因，大概对人来说，一二岁时，举止行动自然而然惹人喜爱，即使外人看了，也会产生怜爱之心，况且父母呢？长至三四岁到五六岁，放纵地大声哭叫，在很多方面乖违恶劣，不听父母的话，有时破坏器物，常常触动一些危险的东西，大凡是他的言语行动人们都很厌恶。又多淘气顽皮的痴性，不听训斥规劝，虽然是父母也仍然深深地厌恶他。当大孩子正处于使人讨厌的时候，小孩子却恰恰是惹人喜爱之时。父母把连同厚爱大孩子的心一同都移到了小孩子的身上，那么憎爱之情感从此便分得明明白白，于是一直延续下来。当最小的孩子处于可厌恶之时，在下已没有可以移爱的孩子了，父母之爱自然也没有转移的地方，因此就会自始至终一直喜爱他，其中的大体趋势就是这个样子。做为人子，应当懂得父母的那份爱止泊在何处，大孩子应当稍稍让着小孩子，小孩子也应当自己控制自己。做父母的，又应当自觉地体悟其中的道理，稍稍使自己执拗的爱心回转一下，不能纵任自己的情感而做事。如果那样，就会使大孩子心存怨恨，而小孩子放纵自己的各种欲望，这样是可导致家庭破败的。

【评析】

舜的父亲瞽瞍，另娶妻之后生一子，名象，夫妻二人开始都不喜欢舜，千方百计，想尽各种办法要把舜杀掉。这是典型的父母爱幼子的事例。

然而,十九世纪批判现实主义大师托尔斯泰笔下的安娜·卡列尼娜,是两个孩子的母亲。她却极不喜欢自己的幼子——与偓伦斯基相恋的结晶,她所爱的是与丈夫所生的儿子——阿辽莎。阿辽莎是她生活中的一部分,在他还没有碰到偓伦斯基的那些岁月里,她所有的希望都在儿子身上,担负起了儿子的日常起居,家庭教育的全部重任,但她从未有过沉重的感觉。在离开丈夫的日子里,虽有着与偓伦斯基如火如荼的爱情,但她仍然无法忘掉阿辽莎那星星般的眼睛,"他会想我的"。安娜总会这样自言自语。她为不能见到儿子而痛苦,她因不能得到儿子的监护权而无法与丈夫离婚。可以这样说,没有偓伦斯基,她会崩溃而无生活下去的勇气与力量,没有阿辽莎也同样如此。她极不喜欢自己的第二个孩子,"那个丑陋的小家伙",安娜每当看到或想起自己的小女儿时总这样说。虽然这个小女孩来到这个世界的全部过程是那样的艰难,但安娜从来没有产生过要珍惜她的念头。在她下定决心要离开这个世界之际,在她卧轨自杀的一刹那,她想到的是丈夫,是那个对她有着太多牵挂的儿子,还有那个使她生命复活的情人——偓伦斯基。而女儿对她来说,简直是一个如同过眼烟云的怪物。她不喜欢她,甚至对她来到这个世界抱有一种嘲讽的态度。

有人会说,安娜·卡列尼娜的生活基础在俄国,然而父母之爱是没有国籍之分的。无论哪一个民族,哪一个国家都有伟大的母爱,都有诚挚的父爱,因为这种爱是人类普遍的天性。

祖父母多疼爱长孙

【原文】

父母于长子多不之爱,而祖父母于长孙常极其爱。此理亦不可晓,岂亦由爱少子而迁及之耶?

【译文】

父母亲对于长子来说,感情并不怎么深厚,而祖父母却大多喜欢长孙。其中的道理仍然不能深刻地明白,难道也是由于喜欢幼子而将爱移于长孙的缘故吗?

【评析】

人类的感情在某种程度上来说,是一种极为奇怪的现象。疼爱孩子是其天性,而当自己的孩子有了孩子之后,他对孙子的爱依然有增无减。捧着娇弱婴儿,老泪纵横,布满皱纹的脸颊,流露出天真的微笑,有人名之为"天伦之乐"。老人之于孩子,是一对相互背离的组合,而其中的情感浓度谁又能真正测量出来?

《红楼梦》中的贾母对于宝玉之爱是无与伦比的。宝玉的哥哥贾珠不幸早逝,他就算贾政的长子,贾母的长孙。最能体现这种深厚情感的事件就是宝玉挨打之后,贾母对儿子的不满。书中道:"只听窗外颤巍巍的声气说道:'先打死我,再打死他,岂不干净了!'"贾政见他母亲来了,又急又痛,连忙迎接出来,只见贾母扶着"丫头",气喘吁吁地走来,贾政上前躬身赔笑道:"大暑热天,母亲有何生气亲自走来?有话只该叫了儿子进去吩咐。"贾母听说,便止住步喘息一回,厉声说道:"你原来是和我说话!我倒有话吩咐,只是可怜我一生没养个好儿子,却教我和谁说去!"贾政听这话不像,忙跪下含泪说道:"为娘的教训儿子,也为的是光宗耀祖,母亲这话,我做儿的如何禁得起?"母亲听说,便啐了一口,说道:"我说这句话,你就禁不起,你那样下死手的板子,难道宝玉就禁得起了?你说教训儿子是光宗耀祖,当初你父亲怎么教训你来!"说着,不觉滚下泪来。直至后来,贾政赔了千般不是,万般不孝,才使贾母气平。

巴金的《家》《春》《秋》写了一个家族的日常生活,悲欢离合。高老太爷唯一满意的只有大孙子高觉新,正如老舍《四世同堂》中的祁老太爷唯一信任的只是祁家老大一样,他们对长孙充满期望,充满关怀,充满信任,也充满了爱。

对公婆当一意承顺

【原文】

凡人之子,性行不相远,而有后母者,独不为父所喜。父无正室而有宠婢者亦然。此固父之昵于私爱,然为子者要当一意承顺,则天理久而自协。凡人之妇,性行不相远,而有小姑者独不为舅姑所喜。此固舅姑之爱偏,然为儿妇者要当一意承顺,则尊长久而自悟。或父或舅始终于不察,则为子为妇无可奈何,加敬之外,任之而已。

【译文】

大凡人之子,性格品行相去不会遥远。而有了后母之后,就开始不被父亲所喜爱,父亲没有续娶正室,有宠妾的也是这样。这固然是由于父亲过于宠爱自己的后妻或妾氏所造成的,然做子女的要顺承父亲的意思,那么时间长了,父亲明白了其中的道理之后,父子关系就会走向和谐。大凡为人妇,性格品行相去并不太遥远,然而,有小姑子的媳妇往往得不到公婆的喜爱。这当然是由于公婆偏爱小姑子造成的,但是做媳妇的一定要顺从公婆的意思。那么公婆在经过长时间之后,就会理解媳妇对他们的尊敬而省悟过来。或者父亲与公婆自始至终不能明白过来,做儿子和媳妇的除了无可奈何和更加尊敬之外,也只能听之任之了。

【评析】

"多年的媳妇熬成婆",人们往往用这句话来形容最终的成功是多么来之不易。这句俗语,从本义上来讲,立刻就会使人想到做媳妇难,而当婆婆要快意得多。这是封建社会的一种普遍现象。一家之中,公婆的话就是"真理",做媳妇的没有权力反驳。

南北朝时期流传着一首长篇叙事诗《孔雀东南飞》。主人公刘兰芝与焦仲卿是经过"父母之命,媒妁之言"而结合的。刘兰芝是按传统媳妇的标准来行事的,既会织布,也学诗书。然而,就是这样,焦母不知怎么,越来越对媳妇不满意,几次三番逼着仲卿将兰芝休回娘家。作为媳妇,兰芝认为只要顺着她老人家的意也不至于把她逼到哪儿去,没想到"以退让求团结则团结亡",焦母却依然对兰芝咬牙切齿,最后仲卿无可奈何,只得将兰芝暂时送回娘家,等待母亲气消,再把她接回来。兰芝被休回去之后,残酷的哥哥要她嫁给太守,当迎娶的一切准备就绪之后,兰芝、仲卿"自挂东南枝",双双殉情而死。

高明《琵琶记》塑造了"有情有义,有贞有烈"的赵五娘形象。她鼓励丈夫进京赶考,丈夫走后,再也没有音讯,孝事公婆的职责落在了她一个人那稚嫩的双肩上。乡里又发生灾荒,家中已是"瓶无储粟",一贫如洗,无可奈何之际厚着脸皮,忍着耻辱去借粮。平时,公婆吃米,她吃皮,"糟糠自厌"的苦况恐怕是难以忍受的。当公婆看到她偷偷摸摸吃东西时,以为她一个人吃"独食",对她大打出手,就是这样她依然没有辩白,直等公婆最后发觉。在她的意识里,除一味孝敬公婆之外,不存有对自己的任何尊重意识,"存在的就是合理的",从来不怀疑什么,也不辩解什么。

在内蒙古自治区西部地区,长期流传着一出民间戏曲二人转《十二月忙》,描写了一个农家媳妇一年十二个月都不得闲的生活实际。看过此戏的许多人都会一洒同情之泪。

以上的故事,告诉了人们这样一个事实,妇女需要找回自我。几千年的封建意识在她们身上已积淀太深,如何觉醒是第一步,醒了之后,路怎样走是第二步。

对待家人宜公心

【原文】

兄弟子侄同居至于不和,本非大有所争。由其中有一人设心不公,为己稍重,虽是毫末,必独取于众,或众有所分,在己必欲多得。其他心不能平,遂启争端,破荡家产。驯小得而致大患。若知此理,各怀公心,取于私则皆取于私,取于公则皆取于公。众有所分,虽果实之属,直不数十金,亦必均平,则亦何争之有!

【译文】

兄弟子侄生活在一起,产生不和睦的原因,本来就不是因为有什么大的争论和意见分歧。大概是由于其中的一两个人私心太重,缺乏公允,总是把自己的利益放在第一位,即便是蝇头小利,也一定要自己单独摄取,或者有时大家一起分配,他自己一定要比别人多拿一点儿才心理平衡。这样一来,其他的人心中产生了愤愤不平的感觉。于是会引起争端,甚而至于倾家荡产。贪图小便宜而导致了大的祸患。假如人们都知道这个道理,各能持有一颗公允之心,该私人出钱的就从私人那里支取,该公家出钱的就从大家的财物中支取。每个人都能分到相同的东西,即便是果实之类的小东西,价值不过数十文钱,也同样公平分配,那么还有什么值得争论的呢?

【评析】

古人云:"修身,齐家,治国,平天下",大丈夫当从修养身心开始,以天下为己任而完成自己的使命。兄弟子侄同居,贵在持有一颗公允之心,这既是个人修养的一部分,也是用以"齐家"的重要策略,更是展现自己宏才大略过程中不可忽视的一个环节。在古人眼里,只有做到"修身""齐家",也才能做到"治国""平天下",因而也有一句名谚流传:"一屋不扫,何以扫天下?"

凡大有作为的人都懂得公平的重要性。魏征是唐太宗手下一名敢于直言进谏的能臣。长乐公主是文德皇后所生,贞观六年要出嫁,太宗诏令有关部门备办嫁妆,要超过长公主一倍。魏征进言说:"从前汉明帝想封赏自己的儿子,他说:'我的儿子哪能等同于先帝的儿子呢?封赏可以是楚王、淮阳王的一半。'前代史书把它作为美谈。天子的妹妹是长公主,天子的女儿是公主,既然有'长'字加于前,实在也是因为地位比公主尊贵,感情虽然有不同,礼仪上却不应该有差别。如果让公主的聘礼超过长公主,在道理上恐怕说不过去,希望陛下考虑。"太宗以为说得对。公平对于一般普通百姓来说是和家的一种手段。对于堂堂一国之君来说,依然极为重要。因为他要把持的是一国之大家的政局,公平形象的塑造对他日后的权威有直接的影响力。长乐公主与长公主同是太宗的亲人,只是太宗对女儿的感情要比对妹妹的感情深,但在礼仪上却不能感情用事,须持有一颗公允之心。

长幼同居贵和睦

【原文】

兄弟子侄同居,长者或恃其长,陵轹卑幼。专用其财,自取温饱,因而成私。簿书出入不令幼者预知,幼者至不免饥寒,必启争端。或长者处事至公,幼者不能承烦,盗取其财,以为不肖之资,尤不能和。若长者总提大纲,幼者分干细务,长必幼谋,幼必长听,各尽公心,自然无争。

【译文】

兄弟子侄生活在一起,年长的依靠他们年长的优势,欺凌年少之人。独自专横地使用大家的财物,自求温暖饱足,不顾虑他人,因而长期养成自私的习性。家中账目的收入和支出不让年少之人有清楚的了解,年少的到了饥寒的地步,必然引发争端。有时,年长之人处理家庭事务极为公正,年少之人却不去顺从,暗中偷盗家中财物,干一些鸡鸣狗盗的坏事,这样一来,家庭就不可能和睦了。如果年长之人能够在总体上把握家庭的大方向,年少之人分担着干一些细小烦琐的家务,年长之人一定要为年少之人打算,年少之人一定得遵从长者的分配,各人都能尽量持有一份公允之心,自然而然就没有了争论和意见分歧。

【评析】

过去时代,一个大家族总是共同生活在一起,哪个人敢提出分家,就被视为不孝子。这种几代人生活在一起的社会现象一直延续到解放前,甚至在当今的农村依然有此种现象存在,但毕竟为数已不多了。

家族大了,大父未死,已有曾孙,整个家庭实质上是一个种族繁衍的大舞台。鱼龙混杂,有德行有修养的肯为维护家族利益而牺牲自己,那些本质恶劣,又计较蝇头小利之人,为了个人利益而闹得整个家庭鸡犬不宁。这就有必要提倡同居的长幼以"和"来处家。长者有长者之风,幼者有幼者之态,各司其职,使日常生活杂而不乱,维护家庭机器的正常运转。

《孤儿行》是一首悲惨凄切的叙事诗。一个孤儿,由于父母早死,跟着哥嫂过日子,本来父母下世时,给兄弟二人都留了遗产,老大依仗自己是哥,与媳妇合计着侵吞了弟弟的大部分财物,只给他留下了一头老牛,一辆破车。无可奈何的弟弟用老牛拉着破车外出打工。衣服破了,无人给修补,冬天来了,脚上没有一双像样的棉鞋。孤儿在外无法生存,只好再次回到家中。一进家门,哥嫂不问弟弟在外日子过得如何,弟弟也没来得及走入正堂,就被喝去做饭,去喂牛,去做家务。弟弟腹中空空,又去地里拉庄稼,没想到不争气的车翻了,许多人围拢来抢东西,孤儿泪流呼天,希望寄尺素书给地下父母,让他们在九泉之下也明白这个家庭是怎样对待他的。

　　韩愈的父母下世很早,他是由寡嫂抚养成人的。他与侄儿韩老成亲密无间,在日后为官的日子里,他依然没有忘记寡嫂对他的照料与关怀,忘不了韩老成如何与他朝夕相处。在韩老成去世的噩耗传来之时,韩愈几乎不能自抑地写了一篇哀悼文,感情真挚,凄婉动人。此文名曰《祭十二郎文》,其中有几句话接近于痛哭流涕:"呜呼!吾少孤,及长,不省所怙,惟兄嫂是依。中年,兄殁南方,吾与汝俱幼,从嫂归葬河阳,既又与汝就食江南,零丁孤苦,未尝一日相离也。吾上有三兄,皆不幸早逝,承先人后者,在孙惟汝,在子惟吾,两世一身,形单影只。"这段话是说自己从小就成为孤儿,等到稍长之后并不记得父亲是谁,依兄嫂过活,没想到兄长也早逝,只留寡嫂与韩老成,三人相依为命。

兄弟各安贫富

【原文】

兄弟子侄贫富厚薄不同,富者既怀独善之心,又多骄傲,贫者不生自勉之心,又多妒嫉,此所以不和。若富者时分惠其余,不恤其不知恩;贫者知自有定分,不望其必分惠,则亦何争之有!

【译文】

兄弟子侄贫富厚薄的实际状况各有不同,富裕的人不仅怀有一颗自己顾自己的"独善"之心,且非常骄横傲慢,贫穷的人不想着自己勉励自己,从而自力更生,还喜欢妒忌,这样不和睦就会产生。如果富裕的人不时地给穷亲戚分一点儿多余的东西,而不巴望着知恩图报。贫穷的人懂得贫富乃命中注定,也不期望别人一定会给他分一些财物,那么还有什么可以争论的呢?

【评析】

梁王和赵王是皇帝的近亲,盛极一时。中书令裴楷请求他们两个封国每年拨出租税钱几百万来周济皇亲国戚中那些贫穷的人。有人指责他说:"为什么向人讨钱来做好事?"裴楷说:"破费有余地来补助欠缺的,这是天理。"

刘姥姥是贾府的一个穷亲戚,贾府的一顿随茶便饭就可能吃掉庄稼人几年的收成。小小的螃蟹宴,在贾府看来只是逗个乐子,算不上真正的宴会,刘姥姥着实给算了一笔账:"这样螃蟹,今年就值五分一斤,十斤五钱,五五二两五,三五一十五,再搭上酒菜,一共倒有二十多两银子。阿弥陀佛!这一顿的钱够我们庄稼人过一年的了。"这样富裕的一个家族并没有嫌弃这个赤贫的村姥姥,让她在府上逗留了两三日,没吃过的也吃了,没见过的也见了,临走时还带了许多东西回去。平儿做了一一清点:"这是昨日你要的青纱一匹,奶奶另外送你一个实地子月白纱作里子。这是两个茧绸,作袄儿裙子都好。这包袱里是两匹绸子,年下做件衣裳穿。这是一盒子各样内造点心,也有你吃过的,也有没吃过的,拿去摆碟子请客,比你们买的强些。这两条口袋是你昨日装果子来的,如今这一个里头装了两斗御田粳米,熬粥是难得的;这一条里头是园子里果子和各样干果子。这一包是八两银子。这都是我们奶奶的。这两包每包里头五十两,共一百两,是太太给的,叫你拿去或者做个小本买卖,或者置几亩地。以后别再求亲靠友的。"这单单是王凤姐一人为村姥姥打点的行装，王夫人还为她想了更长远的一种谋生之路。临别时贾母、鸳鸯、宝玉等都送了东西，大观园之行，着实让一个村姥姥满载而归。富人没有骄横地看不起穷人的意思，穷人也无嫉妒之嫌，双方相处得是那样和谐。一方财有余，可以发发善心赈济另一方的不足，那么另一方会从这种坦诚的帮助中体会到某种真情。倘若没有这样的礼尚往来，当贾府败落之际，刘姥姥就不会上门把巧姐接走，帮她脱离虎口。处家贵在一个"和"字，和睦相处，坦诚相待，是每一个现代家庭都不可缺少的准则。

分财产贵公允

【原文】

朝廷立法,于分析一事非不委曲详悉,然有果是窃众营私,却于典卖契中,称系妻财置到,或诡名置产,官中不能尽行根究。又有果是起于贫寒,不因祖父资产自能奋立,营置财业。或虽有祖宗财产,不因于众,别自殖立私财,其同宗之人必求分析。至于经县、经州、经所在官府累十数年,各至破荡而后已。若富者能反思,果是因众成私,不分与贫者,于心岂无所慊!果是自置财产,分与贫者,明则为高义,幽则为阴德,又岂不胜如连年争讼,妨废家务,必资备裹粮,与嘱托吏胥,贿赂官员之徒废耶?贫者亦宜自思,彼实窃众,亦由辛苦营运以至增置,岂可悉分有之?况实彼之私财,而吾欲受之,宁不自愧?苟能知此,则所分虽微,必无争讼之费也。

【译文】

朝廷官府对于家庭财产分割方面的立法并不是不详尽周全,然而仍有人明明是在损公肥私,却在家庭财产的典卖契约中把家族的公有财产说成是妻子陪嫁的私产,有的竟然用一个讹谬的化名来购置田产,对于这类现象,官府不可能全部追查清楚。还有人确实是发迹于贫寒的岁月,不依靠祖辈父辈的遗产,自己能够勤奋立业,购置田产财物。还有的即使有祖辈、父辈遗留下来的产业,而不像别人那样因循守旧,守住祖宗的产业不变,而是自己另外购置属于自己的财产。在这样的情况之下,同宗族的其他人一定要求分割其财产,直闹到县、州等各级官府所在地,甚至告状诉讼数十年,彼此到了倾家荡产方才罢休。如果富裕起来的人能够反思一下自己的行为,果然是由于损公肥私,不把多余的财物分给贫者,那么你的良心,就毫无一点儿抱歉之意吗?果然是自己呕心沥血置办起来的家产,把它们分一部分给贫穷的亲戚、同宗之人,大面上是一种高明的义举,暗地里在积累自己的阴德。难道不比常年争着告状,妨碍、荒废家业,出资准备干粮,准备证据,与胥吏周旋,并用钱物去贿赂官吏强得多吗?贫穷之人也应该自己反省自己,就算他当初确实干了损公肥私的勾当,也要经过多年的辛苦经营才使财富逐渐积累到这个程度,怎么可以把他的财产全部分给别人呢?况且实在是人家自己置办起来的私财,而我却想得到它,难道不感到很羞愧吗?假如能懂得其中的道理,即便是自己所分到的财物很少,也一定没有为打官司而乱花钱的现象出现了。

【评析】

曾经有一首诗这样写道："紫荆枝下还家日，花萼楼中合被时，同气从来兄与弟，千秋羞咏《豆萁诗》。"这首诗是为劝人兄弟和顺而作。意在告诉人们兄弟之间要和睦，不要为了财产的分割、利益的争斗而伤了手足之情。

明代会稽郡阳羡县，有一人，姓许，名武，字长文。十五岁时父母双亡，虽然遗下些田产，无奈门户单微，无人帮助。更兼有两个兄弟，一名许晏，年方九岁，一名许普，年方七岁，都幼小无知，终日跟着哥哥啼哭。许武白天领着童仆耕作，夜间挑灯夜读，让两兄弟坐于案旁，亲口传授。教以礼让之节，成人之道，稍不听话，辄让二人跪于家庙之前，痛自督责，说自己德行不足，兄弟三人夜间同睡一铺，如此数年，二弟俱已长成。乡里传出个大名，都称为"孝悌许武"。当时州牧郡守，俱闻其名，朝廷征为议郎。许武迫于君命，安顿好家事之后，只带一个童儿往长安进发。朝中大臣探得许武尚未娶妻，多欲以女妻之。许武考虑二弟尚未婚娶，倘若日后他们娶了贫贱之家女子，自己若娶大臣之女，定不好相处，便以自己已定下糟糠之妻为名推托婚事。忽然一天，想到二弟在家多年不见州郡荐举，意欲回家省视。

回家之后见二弟管理家业悉如过去，并且比过去大有增益，极为高兴，便为二弟遍访良家女子，自己也娶了妻。三兄弟娶妻之后过得美满和睦。一天他将二弟招至前道："今天，我与你们都已婚配，而且咱家的田产不薄，理应分割开来，各立门户。"二弟唯唯从命，择日治酒，遍召里中父老。分家之时，许武首取宽大的屋子，说道："我贵为朝廷官员，体面不可不顾，你们二人力田耕种，得竹庐茅舍足矣。"又浏览了田地之籍，凡是良田都归了自己，将那些贫瘠的土地给了二弟，说道："我宾客盛众，交游日广，非此不足以供吾用，你们几口人，如果努力耕作的话，也会没有冻馁之患。"又把奴仆中壮健伶俐之人挑选出来归自己所有，道："我出入需要有人跟随，非此不足以供我使用，你们合力耕作，正须此愚蠢者作伴，不须人多浪费你们的衣食。"众父老见他所分之财多于二弟之和，大有欺凌两个弟弟之意，但他们毕竟是外人，谁也没有说什么。两个弟弟自从哥哥教诲，知书达礼，全以孝悌为重，见哥哥如此分财以为是理之当然。绝无不平之意流露出来。里中父老，人人薄许武之所为，都可怜他两个兄弟。而许晏、许普则每日率领家中奴仆，下地耕作，闲暇时读点儿书自娱，不时地带着疑问抠门向哥哥请教。妯娌之间也相处融洽。人们私下里议论，许武这样做是个假孝廉，许晏、许普才是真孝廉。他们看在父母的面上，与哥哥相处和谐，听哥哥教诲，重义轻财，不管分多分少全不争论。这样一来，兄弟二人倒有了大名，明帝即位，下诏求贤，就把兄弟二人召了去，得到皇帝的旌表并委以重任。最后，他们才发现哥哥这样做是为了他们出名,以便有被朝廷召见的机会。

倘若当时许晏、许普为了和哥哥争财,闹到州、县告状,甚至为了各自的利益,大打出手的话,不仅自己得不到乡里给予的美名,更得不到朝廷的征召,同时也委屈了哥哥的一片苦心。

财富的积累是靠自己苦心经营挣来的,光靠分取别人的财物是不可能发家的。所以,争财争物是一种极不明智的选择,在争夺的过程中不仅自己在物质上受损失而且名誉也不好听,基于这种观点,自力更生,艰苦创业是最好的选择。

居家不必私藏金宝

【原文】

人有兄弟子侄同居,而私财独厚,虑有分析之患者,则置金银之属而深藏之,此为大愚。若以百千金银计之,用以买产,岁收必十千。十余年后,所谓百千者,我已取之,其分与者皆其息也,况百千又有息焉!用以典质营运,三年而其息一倍,则所谓百千者吾已取之,其分与者皆其息也,况又二年再倍,不知其多少,何为而藏之箧笥,不假此收息以利众也!余见世人有将私财假于众,使之营家久而止取其本者,其家富厚,均及兄弟子侄,绵绵不绝,此善处心之报也。亦有窃盗众财,或寄妻家,或寄内外姻亲之家,终为其人用过,不敢取索及取索而不得者多矣。亦有作妻家、姻亲之家置产,为其人所掩有者多矣。亦有作妻名置产,身死而妻改嫁,举以自随者亦多矣。凡百君子,幸详鉴此,止须存心。

【译文】

兄弟子侄共同生活在一起,而自己独独私下拥有很多财物,考虑到有分割财产的后顾之忧,就购置金银之类的东西而私家收藏,这其实是一种极为愚蠢的做法。如果用成百上千的金银计算,用来购置田产,一年的收入定能达到十千,十多年之后,称得上百千的财物,我早已拿到了,也就是说我已收回了成本。分给家人的都是所购置田产的利息。何况百千金银购置的田产仍然还有利息。如果用成千的金银去经营典当行业的话,三年之后其利润就增加一倍,可以说百千的财物我又拿到了,分给家人的只能是其中的利息,而况在三年之后,赢得的利润不知有多少,为什么要把这些金银藏在箱子里,不借此机会既收取利息又对大家有利呢?我曾经看见有人将自己的私人财物借给家人,家人用这些钱来经营生意,而只取其本金却不拿利息,使家人逐渐富裕起来,延及兄弟子侄,绵绵不绝,这是善于处事的人得到的报答。也有私下偷窃家中的财物或者寄存在妻子的娘家,或寄存在有内外姻亲的亲戚家,最终被别人挪用,挪用之后不敢索取,或索要之后不能归还的很多。也有以妻家或姻亲之家的名义购置田产的,田产又被别人占有,这样的情况也很多。还有以妻子的名义购置田产的,自己去世之后妻子改嫁,把全部财物都带走,这样的情况也很多。凡是正人君子,对此事应详细识见,存有一份戒心,而不要重蹈覆辙。

【评析】

王熙凤是贾府里一个使弄权术的女性。她管理着荣国府的一切内务,因而也把持着财政大权。她精明能干,她早就明白贾府已是入不敷出,寅吃卯粮。"外面的空架子虽未倒,内囊却尽上来了。"经济的破败,不可避免地要导致整个家族的破落,王熙凤虽然懂不了这么多,但她似乎早就预感到情形的不妙。聚集财富几乎成了她最大的爱好。她私放高利贷,重利盘剥,朝廷查抄出了大批借券。当时贾政束手无策,他确实不知道府内竟然有人干出此种勾当,他也确实没有想到干这件事儿的人竟是他极为信任的聪明伶俐的侄儿媳妇——王凤姐。她以为自己很精明,"未雨绸缪"地积累一大笔,好在日后依然过自己的舒服日子。放高利贷,重利盘剥他人,家中私藏金宝达七八万金,惹祸之后,似有所悟。她说了这样的话:"他们虽没有来说我,他必抱怨我。虽说事是外头闹的,我若不贪财,如今也没有我的事,不但是枉费心机,挣了一辈子的强,如今落在人后头,我只恨用人不当。"

不必把金宝藏在箱子里,而要购置田产或创办实业,可见,在我国古代人的意识里,不仅仅有"君君、臣臣、父父、子子""修身""齐家""治国""平天下"的观念,也同样具备一定的经济头脑。人们通过司马迁《史记·货殖列传》"天下熙熙,皆为利来;天下攘攘,皆为利往。"盛赞太史公的务实与深刻,殊不知这种务实与深刻在封建士大夫身上并不难找,袁采就是一个很好的典型。

葛朗台是一个吝啬鬼,但他的发家史却令每一个经济学家惋叹。他曾是一个箍桶匠,依靠妻子的陪嫁和一门远方亲戚的遗产起步,投资于酿酒业,使财富日渐积累,他还发放高利贷,每年大笔的收入源源地流入葛朗台的金库。

兄弟之间勿争财

【原文】

兄弟同居,甲者富厚,常虑为乙所扰。十数年间,或甲被破坏,而乙乃增进;或甲亡而其子不能自立,乙反为甲所扰者有矣。兄弟分析,有幸应分人典卖,而己欲执赎,则将所分田产丘丘段段平分,或以两旁分与应分人,而己分处中,往往应分人未卖而己先卖,反为应分人执邻取赎者多矣。有诸父俱亡,作诸子均分,而无兄弟者分后独昌,多兄弟者分后浸微者;有多兄弟之人不愿作诸子均分而兄弟各自昌盛,胜于独据全分者;有以兄弟累众而己累独少,力求分析而后浸微,反不若累众之人昌盛如故者;有以分析不平,屡经官求再分,而分到财产随即破坏,反不若被论之人昌盛如故者。世人若知智术不胜天理,必不起争讼之心。

【译文】

兄弟生活在一起,甲方富裕,常常害怕被乙方扰乱。十数年之间,或者甲方被破坏,而乙方日渐有所增益;或者甲方亡故,他的儿子却不能自立门户、勤奋创业,乙方反而又被甲方所扰乱,这种现象也是有的。兄弟在分割财产之时,有人把别人典卖财产看作幸事,自己趁机购置赎买。将父辈遗留下来的田产按丘丘段段平均分配,有的人把两旁的地分给兄弟,而自己的那一份居于当中,常常是兄弟的田产还没有卖而自己已先卖出,反被兄弟们就近赎买,这是常有的事。有的人家父辈们纷纷都去世了,兄弟子侄们便开始均分财产,其中没有兄弟、只单独一人的家庭,分到遗产之后,独独过得昌盛繁荣,兄弟多的家庭,将财产平均分割之后却越过越惨,直至衰微;有兄弟多的家庭不愿意把财产平均分配,但是兄弟们各自过得都很兴旺发达,远远胜于独自占有财产的。有的看到家中兄弟们人口众多,而自己家人口少,拖累轻,吵嚷着尽力分割财产,日子却越过越冷清,最终衰落下去,反倒不如人口多、拖累重的人过得仍像从前一样兴旺。有的人因为感到财产分割不均,屡次打官司要求官府进行重新分配,分到财产之后随即破坏,反倒不如被告发的兄弟们过得好。生存于世间的人如果都能明白权谋智术是胜不过天理的,那么一定不会起争财诉讼之心了。

【评析】

自力更生,艰苦创业。可见"业"是靠自己经过千辛万苦的努力之后创造出来的,如果谁梦想着天上掉馅饼,谁就不配在这个世界上生存。拿父辈的遗产来说，有则好，无也并不影响一个人日后的发展。所以，兄弟之间为了父辈留下来的遗产而争得面红耳赤，甚至大打出手，实在是不值得。

兄弟争财，一则伤了和气，二则对自己来说，也是一件极不光彩体面的事。换言之，有失尊言。何况，你若是一个不成器的败家子，纵有家财万贯，也架不住挥霍，到头来，依然一无所有。反之，自己若是精明强干，即便没有给你分到任何东西，你同样可以挣得万贯家财。

元代流传着这样一个故事：一个老头叫赵国嚣，东平府人氏。因做商贾，到扬州东门里牌楼巷居住。老伴不幸下世得早，留下一儿名唤作扬州奴。老头想他自小做买卖，早起晚睡，挣了一份可观的家业，良田千顷，城中有油磨坊、解典库，指望这孩子经营。不想他成人以来，与他娶妻之后，只伴着一帮酒肉朋友，饮酒为非，吃穿讲究，就是不理家业。老头非常忧虑，他明白，只要他一闭上眼睛，所有的家业很快就会被这个不孝子吃喝掉。便想了个主意，把这个儿子托给相邻居住三十年的老友李实，让他在儿子执迷不悟时给予一定的教导。

果然不出老头所料，他死之后，扬州奴日夜与一些酒肉朋友饮酒作乐。其中有兄弟二人柳隆卿和胡子传。这二人不会做什么营生买卖，全凭那张嘴过日子，把扬州奴哄骗得连自己姓什么都不知道了，自从和他俩拜为兄弟之后，扬州奴的一切行动都听着这两个人的。没有这二人，他觉也睡不着，饭也吃不下，而这二人的吃喝穿戴包括家中妻儿的日用全由扬州奴一个人供养。隔壁邻居老儿李实想了个主意，自己开了一个典当铺，他料想扬州奴花光所有的银钱之后，就会典当东西，不久，果然整天有扬州奴的东西拿进来典当，扬州奴很快将家业全部花费尽净。

东堂老李实在扬州奴一无所有之后，对他进行了教育，又让他重新经营田产，扬州奴最终悔过自新。

扬州奴倒是一个继承万贯家私的子弟，然而，他的日子过得兴旺发达了吗？所以，分多分少并不重要，重要的是自己有能力去挣，去经营。坐吃就会山空，再大的家业也经不起花天酒地的折腾。

兄弟失和，不如早分家

【原文】

兄弟义居，固世之美事。然其间有一人早亡，诸父与子侄其爱稍疏，其心未必均齐。为长而欺瞒其幼者有之，为幼而悖慢其长者有之。顾见义居而交争者，其相疾有甚于路人。前日之美事，乃甚不美矣。故兄弟当分，宜早有所定。兄弟相爱，虽异居异财，亦不害为孝义。一有交争，则孝义何在？

【译文】

兄弟以孝义而共同居住生活在一起，这固然是一件好事。然而其中有一人早早去世，叔伯与侄儿之间的情感逐渐疏远，各怀心事，他们之间的志向也未必是一致的。作为长者，欺瞒晚辈，作为晚辈，违悖轻慢长者。看到那些因为孝义而居住在一起的家庭，一旦发生争论，他们互相嫉恨的程度比陌生的路人更为严重。原来的好事就变得不那么美了。所以，兄弟应当分家另过的应该早做出决定。兄弟之间有感情，即使是分家另过，也不妨碍孝义。否则，因为照顾孝义的虚名而居住在一起，一旦发生争吵，那么孝义又在哪里呢？

【评析】

在漫长的封建社会里，一个大家族居住在一起，如果谁想提出分家另过，那他就被视为不孝子。所以，在一个吵吵闹闹的大家庭里，大家都觉得过得不舒服，但都不愿意承担"不孝"的恶名而不提出分家，直至利益冲突日渐明显，矛盾激化不可收拾，到那时大家都撕破了面皮，真正的孝义从何谈起？贾府是大家族的典型，守着祖上的基业，每个人都过着锦衣玉食的生活，表面上一团和气，尊老爱幼，逢年过节，拜祭祖宗，每有庆典，全家出动。可骨子里，大家都憋着一口气。兄弟不同心，父子不同心，妯娌不和睦，没有谁为了这个家族的利益而多想一点儿。有的只是极尽贪权之能事，为自己私藏金宝，积累财富；有的只是勾心斗角，妒贤争宠，不把他人损害得体无完肤绝不罢手；有的只是贪图美色，斗棋争酒，混混日子。有谁为贾府的将来考虑过？最后，"树倒猕猴散"，谁可曾体会到有真正的"孝义"包含在其中？

历史的车轮发展到今天，这种家族同居观念依然留有残余。农村三部曲：《篱笆、女人和狗》《辘辘、女人和井》《古船、女人和网》为人们展现的便是新老观念交织下的农村社会现实。茂元老汉统帅着自己的四个儿子：金锁、银锁、铜锁、铁锁，三个儿子已经娶妻，依然吃着大锅饭，二儿子有经济头脑，在二媳妇的怂恿下，向爹提出分家，这在茂元老汉看来是极大的不孝。没等他闭上眼睛，走进坟墓，竟然要吵着分家。无论如何，茂元老汉是不能理解的，也是绝对不允许的。闹归闹，在老汉的固执下，家依然是个大家。然而，时代不同了，表面上为了"孝"而合拢起来的家庭，骨子里四分五裂。儿女们认为这样维持下去已没有了任何实质性内容，茂元老汉在现实面前终于低下了他那固执的头颅。他屈服了。只要兄弟情深，分开过也无伤大雅。分开了，大家反而会更亲。

对待家事要热心

【原文】

兄弟子侄有同门异户而居者,于众事宜各尽心,不可令小儿、婢仆有扰于众。虽是细微,皆起争之渐。且众之庭宇,一人勤于扫洒,一人全不知顾,勤扫洒者已不能平,况不知顾者又纵其小儿婢仆,常常狼藉,且不容他人禁止,则怒詈失欢多起于此。

【译文】

兄弟子侄有同门户而异居的情况,即分开另过,但居住在一个院子里。在这种情况下,处理每件共同之事时,大家都应各自尽心。不能让小孩子、佣人等去扰乱大家的生活。即使是非常细微之事,也可能成为弘起大争论的端倪。况且,大家的院子,一个人总是很勤快地去洒扫另一些人则全然不顾,勤于洒扫的渐渐开始心理不平衡,表示愤愤然。有时不勤于洒扫的又纵容小孩子或佣人把院子搞得乱七八糟,还不容许他人去禁止。这样愤怒之极,吵架骂人之事就会发生。

【评析】

"只要人人都献出一点爱,世界将变成美好的人间。"正如这首歌唱的那样,对于共同的事业,大家若都能尽心尽力的话,前景将是很光明的。

"对待家事要热心",袁采虽然只针对家庭琐事,如洒扫庭院作了阐发,但这个观点适用的范围却宽泛得多,小至孝事父母,大致发展事业。

李逵是个办事鲁莽、性子急、脾气暴的人物。给宋江曾经惹了不少麻烦,但他是一个重义气,又懂得孝事母亲的孝子。他自知从前的自己不务正业,没能在老母面前尽孝,只有哥哥在家,承担了侍奉母亲的全部责任。当他在梁山混出了个人样之后,便首先想要老母享享清福,即刻与宋江商量过后,接母亲上山。在他看来,孝事母亲是每个做儿子的责任,不能只让哥哥一人承担。

梁山兄弟的事业能发展到高峰,不是一人之功,而是全部梁山好汉以自己的侠肝义胆,"抛头颅、洒热血"换来的。在"梁山水泊"这块宝地上,流淌着他们每个人辛勤的汗水,为了共同的事业,他们各自都使出自己的看家本领,浓墨重彩地为"杏黄旗"下的英雄们创造了共同的辉煌。

孙悟空、猪八戒、沙僧三人保师父唐僧西天取经,一路上降妖除魔,历经磨难。在照料师父这一点上,各自都做到了尽心尽力。猪八戒偶尔爱耍点儿小脾气,但在紧要关头并不给大家丢脸。八十一难之后,终于取得真经,师徒四人修成正果。

居家相处贵宽容

【原文】
同居之人,有不贤者非理相扰,若间或一再,尚可与辩。至于百无一是,且朝夕以此相临,极为难处。同乡及同官亦或有此,当宽其怀抱,以无可奈何处之。

【译文】
居住在一起,对于有些品质恶劣总是以无理取闹来扰乱他人的人,如果是一次两次,尚可与他争辩。如果他已经到了一无是处的地步,并且早晚总这样无理取闹,那就很难与他相处了。同乡居住或一同做官也有时会遇到这种无理取闹的人,应当以宽阔的胸怀,以无可奈何的方式与他相处。

【评析】
夏金桂是薛蟠明媒正娶的妻子。生得颇有姿色,亦颇识得几个字。

若论心中的丘壑经纬,颇步熙凤之后尘,只是从小父亲便去世了,又无同胞兄弟,寡母独守此女,娇养溺爱,不啻珍宝,女儿的一举一动,母亲皆百依百顺,未免骄纵过甚,竟养成个盗跖的性气。爱自己尊若菩萨,视他人臭若粪土。在家中时常和丫环们使性弄气,轻骂重打。嫁给薛蟠之后,自认为要做当家的奶奶,又见薛蟠气质刚硬,举止骄奢,以为必须拿出点儿威风来,才能煞得住人。

薛蟠本是个喜新弃旧之人,且是有酒胆无饭力,得了这样一个妻子,正在新鲜劲儿上,凡事未免让她些。这一让不要紧,夏金桂越发张狂,一日与薛蟠吵嘴,装起病来,茶汤不进,闹得薛姨妈骂了薛蟠才罢休。夏金桂挟制了薛蟠,后来又倚娇作媚,将及薛姨妈。

一日闲着无事,夏金桂为了香菱的名字一事而与香菱寻事,让宝蟾假意勾引薛蟠被香菱撞见,薛蟠将香菱痛打了一顿。夏金桂并且诬陷香菱在她枕头下放纸人来诅咒她,哭哭啼啼,大吵大闹,薛姨妈无奈,只好让香菱收拾东西,派人送出去卖掉。夏金桂大肆撒泼,一面哭喊,一面滚揉,自己拍打,薛蟠急得说又不好,打又不好,央告又不好,只得出入唉声叹气,抱怨说运气不好。最后,香菱只得跟着宝钗过。寻完香菱的事,夏金桂便开始在宝蟾身上找岔子。哪知宝蟾丝毫不让她,虽不敢还言还手,却大撒泼性,寻死觅活,昼则刀剪,夜则绳索,薛蟠无奈,徘徊于两者之间。夏金桂脾气不发作时,纠集人来斗纸牌,每日杀鸡炖鸭,赏肉给人吃。吃够了便开始骂。薛家母女无可奈何,也不去理她,一时大家都没了主意。像夏金桂这样一再无理取闹的人,无法与她论理,最好的方法便是以无可奈何处之。

叔侄如父子

【原文】

父之兄弟,谓之伯父、叔父;其妻,谓之伯母、叔母。服制减于父母一等者,盖谓其抚字教育有父母之道,与亲父母不相远。而兄弟之子谓之犹子,亦谓其奉承报孝,有子之道,与亲子不相远。故幼而无父母者,苟有伯叔父母,则不至无所养;老而无子孙者,苟有犹子,则不至于无所归。此圣王制礼立法之本意。今人或不然,自爱其子,而不顾兄弟之子。又有因其无父母,欲兼其财,百端以扰害之,何以责其犹子之孝!故犹子亦视其伯叔父母如仇仇矣。

【译文】

父亲的兄弟被称为伯父、叔父;父亲兄弟的妻子被称作伯母、叔母。叔父、叔母死后,侄儿为他们服丧略低于父母一等,说明伯父(叔父)、伯母(叔父)对侄儿的抚养教育也基本接近于父母,与亲生父母相差不太远。把兄弟的孩子称作犹子,也是因为他们侍奉孝顺伯父、伯母像儿子一样,接近儿子的孝道。所以从小失去父母,若有伯父、叔父,伯母、叔母,那么就不至于无人抚养;老了之后没有子孙的,倘若有侄子在,那么也不至于无人赡养。这是当初贤圣之王制定礼法的本意。现在的人中有的并不如此,只爱惜自己的孩子,而不顾惜兄弟的孩子。有的甚至因为他没了父母,就想兼并夺取他的财物,千方百计扰乱迫害侄儿,又有什么理由要求侄儿对他尽孝呢?这就是有些侄子把伯父、伯母,叔父、叔母看作仇人的原因。

【评析】

在我国这个注重伦理的国度里,总是教诲人们尊老爱幼,"老吾老以及人之老,幼吾幼以及人之幼。"一般人都能做到这些,更何况有血缘关系的叔侄呢?

贾政与贾琏是典型的叔侄关系。按理说,贾琏是贾赦的儿子,应归属宁国府,但贾琏夫妇二人却常年住在荣国府里,担负起管理荣国府的重大使命。叔侄之间的关系犹如父子,贾琏对叔父贾政唯唯诺诺,贾政对侄儿贾琏毫无外心,放心大胆地交给他许多要处理的事情,一如对宝玉的严加训斥与管教。

当查抄荣国府之后,发现有重利盘剥的借票,贾政心存畏惧,又极为迷惑,含泪与贾琏倾心交谈,一如父子真情:"我因官事在身,不大理家,故叫你们夫妇总理家事。你父亲所为固难劝谏,那重利盘剥究竟是谁干的?况且非咱们这样人家所为。如今入了官,在银钱是不打紧的,这种声名出去还了得吗?"贾琏听了之后,跪下说道:"侄儿办家事不敢存一点私心,所有出入的账目自有赖大等人登记。"贾政在关键时刻,只有琏儿还可共同想些主意,而宝玉虽是他的儿子,竟是无用之人。

身教重于言传

【原文】

人有数子,无所不爱,而为兄弟则相视如仇仇,往往其子因父之意遂不礼于伯父、叔父者。殊不知己之兄弟即父之诸子,己之诸子,即他日之兄弟。我于兄弟不和,则己之诸子更相视效,能禁其不乖戾否?子不礼于伯叔父,则不幸于父亦其渐也。故欲吾之诸子和同,须以吾之处兄弟者示之。欲吾子之孝于己,须以其善事伯叔父者先之。

【译文】

一个人不管有几个儿子,对每一个儿子都无限厚爱,但往往对自己的兄弟却相视如仇敌,他的儿子们往往由于父亲的态度,也对伯父、叔父不加礼遇。殊不知自己的兄弟就是自己父亲的几个儿子,自己的几个儿子在日后也会成为兄弟。我和亲身同胞兄弟不和睦,那么我的几个儿子则争相仿效,怎么能阻止他们彼此乖违不和呢?儿子们对伯父、叔父不加以礼遇,那么不孝顺父亲是他们日后逐渐要干的事。所以想要使我的几个儿子和睦相处,必须以我和自己的兄弟和睦相处的例子给他们看。如果想要使我的儿子们日后能孝顺我,就必须首先让他们做到善待叔父、伯父们。

【评析】

"有其父必有其子",典型地概括了父亲对儿子的影响力。言传不如身教,在教育孩子这个问题上,以身作则是一剂良药。

曹操是一个"乱世之奸雄,治世之能臣"。他有英雄的义举,但也有许多不为人称道之处,他与刘备最重要的区别就是刘备能宽以待人,并且极为信任自己的兄弟,自己的部下。曹操则不然,他似乎谁都不相信,夜间睡觉都睁一只眼提防着他人。他逃难至一个父亲的老友家中,听到"磨刀霍霍"之声,便以为要对他行凶,他先下手为强斩杀了老者的家人,后来他才弄明白磨刀是为了杀猪款待他。他虽有愧色,但仍对自己的警惕之心抱有某种程度的得意与满足。在这样一个父亲的影响之下,儿子曹丕也很少信任别人,将自己的兄弟们大肆杀戮。曹操生前最喜欢曹植,因曹植聪明绝世,几次欲立为继承人,却没有成功。曹丕篡汉称帝之后,对曹植一直怀有旧恨,总想寻找点"莫须有"的罪名,将曹植杀掉。一日,曹丕招曹植问:"先帝在世时,总夸你诗才敏捷,我未曾亲眼目睹,今天限你在七步之内,成诗一首。如若做不成,当判你一个欺诳国君之罪。"曹植未及七步,其诗已成,中寓明显的规讽之意,这首诗便是有名的《豆萁诗》。

背后之言不可听

【原文】

凡人之家,有子弟及妇女好传递言语,则虽谓舅姑、伯父、妯娌皆假合,强为之称呼,非自然天属。故轻于割恩,易于修怨。非丈夫有远识,则为其役而不自觉,一家之中乖变生矣。于是有亲兄弟子侄隔屋连墙,至死不相往来者;有无子而不肯以犹子为后,有多子而不以与其兄弟者;有不恤兄弟之贫,养亲必欲如一,宁弃亲而不顾者;有不恤兄弟之贫,葬亲必欲均费,宁留丧而不葬者。其事多端,不可概述。亦尝见有远识之人,知妇女之不可谏诲,而外与兄弟相爱常不失欢,私救其所急,私周其所乏,不使妇女知之。彼兄弟之贫者,虽深怨其妇女,而重爱其兄弟。至于当分析之际,不敢以贫故而贪爱其兄弟之财者,盖由见识高远之人不听妇女之言,而先施之厚,因以得兄弟之心也。妇女之易生言语者,又多出于婢妾之间。婢妾愚贱,尤无见识,以言他人之短失为忠于主母。若妇女有见识,能一切勿听,则虚伪之言不复敢进;若听之信之,从而爱之,则必再言之,又言之。使主母与人遂成深仇,为婢妾者方洋洋得志。非特婢妾为然,仆隶亦多如此。若主翁听信,则房族、亲戚、故旧皆大失欢,而善良之仆佃皆翻致诛责矣。

【译文】

大凡人之家中,如若有子弟或者妇女喜欢搬弄是非的话,那么她们所叫的公爹、公婆、伯父、叔父、妯娌之属都是因嫁后丈夫的缘由而来,虽然在称呼之上竭力地显示其亲近,却并非天然的血亲,没有血缘关系。所以能够很轻易地割舍恩义,随随便便就结下仇怨。除非其丈夫有远见卓识,否则就会在不知不觉中被其牵着鼻子走,玩弄于股掌之上,一家之中的变故,也将要发生了。于是有些亲兄弟亲子侄隔屋而居,连墙为邻,却到死不相往来;有些人没有子嗣却不肯过继其兄弟的儿子为后;又有自己有许多儿子而不愿给一个与他兄弟的;有不体恤他兄弟家境窘迫,在奉养双亲时坚持一切用度绝对平摊,否则宁愿舍弃父母恩义而不复赡养的;有不体恤他兄弟经济拮据,在归葬父母时一定要均摊费用,不然宁可停棺于厅而不让父母入土为安的。似此之事,犹有许多,不可一一列举。我也曾经闻见过一些有见识的人,知道妇道之人不可能用言语道理说转他们,因而在外与兄弟们交往时,常私下里救济些财物,使兄弟度过急困,或私下里施送些东西,使他们得到帮衬。兄弟间相互爱护不失和睦而相安无事,却又不让自己的妻子知道。这样一来,那位较困难的兄弟,虽然内心怨恨兄弟之妻,却因为敬重爱戴自己的兄弟,到了该分家分财物的时候,也不敢借口自己贫困而去贪求图谋他兄弟的财产了。内里缘由,怕是那位见识高远之人不听信妻子的挑拨离间之辞,而能够预先厚待自己的兄弟,从而赢得了兄弟的敬重之心吧。妇女当中爱说闲话的,又往往是那些奴婢和妾。奴婢和妾一般都愚笨没有修养,又没有见识,喜欢用背后说别人坏话的方式来讨主母的欢心。如果主母有见识,能够做到不听信闲言碎语,那么奴婢和妾以后也就不敢再在主母的耳边说别人的坏话了;如果主母听信这些话,并因此而宠爱进谗言的婢妾,那么这些婢妾日后必定还会嘀嘀咕咕,说个不停。终于使主母与别人结了仇怨,那些婢妾才感到洋洋得意。不仅仅奴婢和妾这样,其他佣人也是这样的。如果主人听信这些谗言,那么就会与本族、亲戚、朋友都闹出矛盾来,那些善良正直的仆人和佃农反而会因为主人听信谗言而受到惩罚。

【评析】

　　如果你想把一件事情办好,办成功,告诉你一个良方:"近贤才,远小人。"近贤才,你就听不到"小人之言"。自古及今,无数的帝王由于邪佞之人的"献谗"而终于身死国灭,当然也有好多的帝王,其高明之处正在于不听信小人的背后之言而使国家昌盛。

　　斛律明月,是北齐的优秀将领,威震敌国。北周每年都要凿碎汾河上的冰,就是担心齐兵西渡,等到斛律明月被祖孝徵谗言构罪杀害,北周才有了吞并北齐的意图。

　　高颎有治理国家的卓越才能,辅佐隋文帝完成了霸业,做隋朝丞相二十余年,隋朝依赖他使天下安宁。隋文帝听信妇人的巧言,一味排斥他,后来他被隋炀帝杀害,隋朝的法制政令从此衰败。

　　隋太子杨勇统帅军队,代理朝政前后二十年,本来早已确定了名分,宰相杨素欺骗皇上,残害忠良,使他们父子间的正常关系遭到破坏,逆乱的源头由此而开。隋文帝最终祸及自身,国家很快灭亡了。

　　唐太宗是一个明君,对这种谗言误国的现象感慨颇多。贞观初年,太宗对侍臣说:"朕看前代进谗言的奸佞小人,都是国家的害虫。他们花言巧语,结党营私;昏庸的国君,没有不被迷惑的,忠臣孝子因此泣血含冤。所以兰花正要茂盛,秋风却来摧折;君王想要明察,谗巧之人来遮蔽。这类事情都载于史书,不能一一列举。"贞观十年,太宗对侍臣又说:"太子的老师,自古以来就难以挑选,成王幼小的时候,周公、召公做他的老师。成王左右都是贤德之人,天天聆听良好的教诲,能够不断增加仁义道德,成王于是成了圣贤之君。秦朝的胡亥就不是这样了,用奸佞之人赵高做了老师,教他严苛的刑法。等到胡亥即位,便诛灭功臣,杀戮亲族,酷烈暴虐不止,不久国亡身死。由此看来,人的善恶,确实会受到左右亲近之人的影响。"

亲戚不宜多借贷

【原文】

房族、亲戚、邻居,其贫者才有所阙,必请假焉。虽米、盐、酒、醋,计钱不多,然朝夕频频,令人厌烦。如假借衣服、器用,既为损污,又因以质钱。借之者历历在心,日望其偿;其借者非惟不偿,以行行常自若,且语人曰:"我未尝有纤毫假贷于他。"此言一达,岂不招怨怒。

【译文】

一个大家族中、众亲戚中,或众邻居中,必然有些经济拮据,生活窘迫,日用不够的人。一旦有所缺,一定会向富裕家庭求借。虽然米面、盐酒酱醋之类,值钱不多,但如果频繁地求借,也会令人感到厌烦。如果求借衣服器皿等物事,既容易被污损,又容易被拿出去换钱。所以一旦东西借出之后,主家便会时常记挂在心上,每天盼望求借者快快归还;如果求借东西的人不但不快快归还,反而看上去像是若无其事,毫不挂怀。并且对人说:"我从来没有向他借过一针一线。"这话如果传到物主耳朵里,岂能不招来物主的怨恨之情!

【评析】

亲者,近也。戚者,忧也。亲戚便是能与自己一起同甘共苦的亲近之人。而远亲不如近邻,邻居则有时比亲戚还重要。邻居以其近便的原因,经常互相帮衬扶持。然而如果自己恒贫,而常假借求助于他人,及至他人有事,自己无钱无力,则此种交情,绝不可持久。袁氏此段议论,深契常人之性,可谓中肯之至。如此说,则贫者亦分两种,一种恒贫之人,一种暂贫之人,则又不可不辩之。暂贫之人,其所图者远,所以,这种人当然应该得到大家的赞助。而恒贫者,也得区别对待,不能者与不为者应为两种人。不能的人,则因其不能而应得到大家的关怀与帮助,不为的人,即能干而不干的人,则应当以"送奶"不如"助其产奶"的原则来指导帮助。一如我们现在的扶贫工作,免得越扶越贫。

借贷不如周济

【原文】

应亲戚故旧有所假贷，不若随力给与之。言借，则我望其还，不免有所索。索之既频，而负偿冤主反怒曰："我欲偿之，以其不当频索。"则姑已之。方其不索，则又曰："彼不下气问我，我何为而强还之？"

故索而不偿，不索亦不偿，终于交怨而后已。盖贫人之假贷，初无肯偿之意，纵有肯偿之意，亦何由得偿？或假贷作经营，又多以命穷计绌而折阅。方其始借之时，礼甚恭，言甚逊，其感恩之心可指日以为誓。至他日责偿之时，恨不以兵刃相加。凡亲戚故旧，因财成怨者多矣。俗谓"不孝怨父母，欠债怨财主"。不其念其贫，随吾力之厚薄，举以与之。则我无责偿之念，彼亦无怨于我。

【译文】

碰上亲戚朋友向你求借钱财器物，你不如估计自己的富裕程度后，无偿地送给他些。如果说借给他，那么你便存有期望他偿还的心思，免不了日后向他索要。可索要的次数一多，求借者反而会心生恼怒，说："我本来就想还你的，可是你不应当频频索要啊！"如此你也只好按下不提，如果你不去索要，他又会说："人家又不透露一点要的意思，我又为什么一定要忙着还呢！"因此你索要他不会偿还，不索要他同样不会还，到底会闹到双方结下怨恨而不可收拾。大凡生活窘迫的人来求借，一开始便没有要偿还的意思，即使有肯偿还的意思，又用什么来偿还？

有人借钱是作为做生意之类的资本，可大多数会因为命中注定要受穷，再加上经营不善，必使血本无归。当初他求借之时，礼貌恭敬，言辞谦逊，感恩戴德之心使他可以信誓旦旦，如何如何，到了以后该要偿还之时，心里恨不得把债主的头砍下来。在亲戚朋友之间，由于钱财上的勾当而结怨成仇的是很多的。俗语说："儿子不孝顺父母，那是父母教育的过错。借债人久借不还，则要怪债主。"与其这样，倒不如体恤他家境贫寒，依据自己的财力大小，无偿地送给他些钱物。这样，我心里不存什么要他归还的念头，他也不会有什么反复的想法而与我结怨了。

【评析】

管仲有言曰："仓廪实而知礼节，衣食足而知荣辱。"此话是唯物的，是说人只有具备了一定的物质基础后，才能顾及礼、荣辱。但孔子曰："廉者不受嗟来之食。"又有说：士穷乃现节义。可见人贫至不得食，到绝境之时，仍有保持自己品性与节义的人在。所以袁氏在分析借后索还与不索还两种情况时，心理描写确是合人情合道理。其中求借者之所想虽甚无赖，可因恼羞成怒终归是实际情况。袁氏提出"不若念其贫，随吾力之厚薄，举以与之。则我无责偿之心，彼亦无怨于我。"诚是应付亲戚故旧中借贷人的好方法。

　　人皆是父母所养，具含温情，谁无良善之心。况且乌鸦知反哺，人如何能知恩而不报。所说恒贫之人，他也非不愿报答，只是没有什么可以报而已。有以报则必定会报答。如韩信、伍子胥得漂母一饭之施而终于报答者，例数则不能胜记。秦昭王时应侯范睢，只因感念须贾一念之慈，在自己贫穷时赠与绨袍一件，而原宥他三大冒犯自己的死罪。此则是因周济而不但消怨并且复得性命的明证。又有如苏秦之嫂的人，在兄弟敝衣履、黄面皮归来后，不但不假一物，为一炊，并且施以讥讽之辞色。等到苏秦挂相印、载黄金归来，又恭而有礼，谦卑相迎。如此之时，悔不该当初了。其实，即使无能回报之人，施恩之时，也不要存偿报的心思，而日夜揣摩什么时候得到回报。司马迁在《白起王翦列传》中借客口评王翦之孙王离攻赵王张耳必败曰："其所杀伐多矣，其后受其不祥。"于此我们应想到杀伐多，其后代代他受不祥。而施恩多，则其后代必定福祚绵长。

子孙勿得败祖德

【原文】

子孙有过,为父祖者多不自知,贵宦尤甚。盖子孙有过,多掩蔽父祖之耳目。外人知之,窃笑而已,不使其父祖知之。至于乡曲贵宦,人之进见有时,称道盛德之不暇,岂敢言其子孙之非!况又自以子孙为贤,而以人言为诬,故子孙有弥天之过而父祖不知也。间有家训稍严,而母氏犹为庇其子之恶,不使其父知之。富家之子孙不肖,不过耽酒、好色、赌博、近小人,破家之事而已。贵宦之子孙不止此也。其居乡也。强索人之酒食,强贷人之钱财,强借人之物而不还,强买人之物而不偿。亲近群小,则使之假势以凌人;侵害善良,则多致饰词以妄诉。乡人有曲理犯法事,认为己事,名曰担当;乡人有争讼,则伪作父祖之简,干恳州县,求以曲为直;差夫借船,放税免罪,以其所得为酒色之娱。殆非一端也。其随侍也,私令市贾买物,私令吏人买物,私托场人买物,皆不偿其直;吏人补名,吏人免罪,吏人有优润,皆必责其报;典卖婢妾,限以低价,而使他人填赔;或同院子游狎,或干场务放税。其他妄有求觅亦非一端,不恤误其父祖陷于刑辟也。凡为人父祖者,宜知此事,常关防,更常询访,或庶几焉。

【译文】

子孙在外面有了什么过错,作为他的父亲、祖父的大都自己不知道,这种现象在达官显贵之家更显得普遍。大凡子孙们都有了过错,总会想方设法地隐瞒住父亲和祖父,不让他们知道。而外面的乡邻等众即使知道或听说了,仅只私底里讥弹讽笑罢了,并不让他们的父亲和祖父得到什么消息。更何况他们的父亲和祖父如是乡里的权贵豪富时,人们平时相见都难得,一旦相见,相互吹捧恭维尚且来不及,又哪里有空或敢说些其子孙是是非非的言语。兼且作为父亲祖父的人都自以为自己的子孙比别家的好,反会把别人间或的指责当作诬蔑而内心感到嫌恶。故而就算子孙有了滔天大罪,其父亲祖父也会被蒙在鼓里。其中有些家庭可能家教稍严厉些,但又有母亲祖母为子孙作庇荫而袒护他们的恶行,不让他们的父亲祖父有所察觉。富豪财主家的不肖之子,不过是酗酒,沉湎于女色,赌博耍钱,结交些逸侼轻薄的小人,最多导致家业破败而已。权贵官宦的子孙,做起坏事来其危害就远不止于此了。他们生活在乡里,强行索要人家的酒食,强行借贷人家的钱财,强行租借人家的物品不还,强行购买人家的商品而不给钱。他们还亲近那些不学无术、毫无德行的小人,使得这些小人恃宠而骄,狗仗人势,凌辱他人。他们还欺压侵犯善良百姓,并且矫饰言辞打赢一些实属荒谬的官司。乡里的人触犯法律而理屈词穷,他们便出面担待,说是自己的事,乡里的人到州县打官司,他们便盗用父亲或祖父的名誉,伪作信函,干谒恳求于州官县官,使得黑白颠倒徇私枉法;至于差遣劳役,征调民船,收放税款,赦免认罪,他们都趁机干预以捞取钱财,以这样所得来的钱满足他们花天酒地的糜烂生活。如此这样的恶习还有许多。如果他们随从父亲祖父在任,就私下里托商贾之人,或吏役之人或市场管理人员买物品,而所付的钱仅是象征,绝对不够本钱。或当官职有缺,吏员补位,或当吏人犯法而求得免罪,或当职权落实,利益优厚之时,他们都要暗求贿赂,月夜催促其偿报。又在典买奴婢仆人的时候,自作主张,限定极低的价格,而不足的部分却让别人填补。平日不是成天与妓女们调情骂俏,就是挖空心思干预正常的借贷事务而发放高利,还有其他五花八门的专营手段来求财纳贿,非是如此这般所能够举全。他们从来不顾念如此作为会连累到父祖遭刑受罪。凡是做长辈的都应深悉这种事情的危害,时时防备着子孙做些邪行恶事,更要时时向乡邻询问访察他们是否在外作奸犯科。这样才能勉强能保证子孙们不会走上邪路。

【评析】

《三国演义》中有段特精彩的折子,说曹操青梅煮酒论英雄的事情。

曹操说:"英雄者,胸怀大志,腹有良谋,有包藏宇宙之机,吞吐天地之志者也。"又曰:"今天下英雄,唯使君与操耳!"此"使君"就是一代枭雄刘备。刘备从一织席卖履之徒,无尺寸之地立家,趁东汉黄巾军闹事起兵,在诸葛孔明、关公、张飞、赵云一般文臣武将协助下,挣下好大一片天地,至华夏大地,三足鼎立,更有一统江山之势。然而就是此位有"吞吐天地之志"的英雄,其子刘禅刘阿斗,为后人留下了千古奇谈。

刘备死后,将匡扶汉室、辅助幼子之事托付与军师诸葛亮,诸葛亮亦竭尽心智,焚脑燃髓,为刘氏尽忠,先后六出祁山,为挫败曹氏而奋斗。然而均功败垂成。一次孔明正要大获全胜,却被刘禅星夜诏书召回,孔明仰天长叹:"主上年幼,必存佞臣在侧;吾正欲建功,何故取回,若奉命而退,日后再难得此机会也。"及回,禅竟说:"朕久不见丞相之面,心甚思慕。"亮知必是刘禅听信小人谗言,归后尽斩小人。诸葛亮为相父,可厉言以诲之,再斩小人。姜维就不能了,诸葛亮死后,全权委托给了姜维,姜维亦不负所望,屡出祁山,数建大功。然而刘禅亲近宦官黄皓,疏远贤良忠正。黄皓欲使小人建立军功,唆使刘禅又星夜召回了正在前线的姜维。此次,当姜维要杀黄皓时,刘禅说话了："'爱之欲其生,恶之欲其死。'卿便不容一宦官耶?"姜维恨恨而去,反不得已向人讨避祸之方。又因刘禅耽于酒色,竟将一亲王之妇留滞宫中一月有余。亲王怒责妻子,竟被刘禅杀死。自此大臣尽皆颤栗,埋下亡国之根。

刘禅被司马昭封为安乐公后,亲自到昭府中拜谢,昭设宴款待。使歌舞于前,蜀国官员都倍感伤怀而堕泪,后主却嬉笑自若。昭问后主说:"颇思蜀否?"后主竟答:"此间乐,不思蜀也。"连司马昭都叹息说:"人之无情,乃至于此,虽使诸葛孔明在,亦不能辅之久全。何况姜维乎?"烈士闻之,无不扼腕。

袁采说,豪富之不肖子孙,终不过导致家事败落,达贵之不肖子孙,便会导致父祖遭刑辟,然而帝王之不肖子孙,则会丧国,使祖宗之大好江山拱手送人,使祖宗之脸面丢失殆尽,贻羞百代,后人能不警醒吗?

子弟贪愚勿使仕宦

【原文】

子弟有愚缪贪污者,自不可使之仕宦。古人谓治狱多阴德,子孙当有兴者,谓利人而人不知所自则得福。今其愚缪,必以狱讼事悉委胥辈,改易事情,庇恶陷善,岂不与阴德相反?古人又谓我多阴谋,道家所忌,谓害人而人不知所自则得祸。今其贪污,必与胥辈同谋,货鬻公事,以曲为直,人受其冤无所告诉,岂不谓之阴谋!士大夫试历数乡曲三十年前宦族,今能存者仅有几家?皆前事所致也。有远识者必信此言。

【译文】

子弟中如有愚顽笨谬而又贪财纳贿的,绝不可以让他们走上仕宦之途。古人说办理案件是能够积阴德的事情,子孙后代之中必定有兴旺发达的,这就是行善积德。做了好事,别人虽不知道,暗地里福祥如意却降临到自己头上。如果让那些愚顽笨谬的子弟为官并执掌刑罚,他定会把公事全部交给幕僚或下属去办理。这些人扭曲事实,保护恶人而诬陷忠良,岂不是不能积阴德反而损德吗?古人还说:人有太多的阴谋诡计,实是道德伦理之所大忌,即干了坏事虽然别人不知道,但终会得到报应。现在你让本性贪婪的子弟为官,他必定会与下属一同谋划,假公济私,蝇营狗苟,黑白颠倒,指鹿为马,使人蒙受不白之冤,却又无处申诉,这不就是古人所说阴谋吗?士大夫们不妨回顾一下我们乡间的情况。看看三十年前的官宦人家,如今存留还在的又有几家?他们败落的原因,就是让愚笨贪财的子弟做了官,而不积阴德遭到报应造成的。有远见卓识的人一定相信这番话是毫无谬误的。

【评析】

柳宗元有一则非常有名的讽刺性寓言,说一性贪之小虫,因为它的背面毛色,所以东西粘上去后很不容易掉下。可是体虽小,力虽弱,仍然是遇到东西就取来负上,昂着头不顾一切前行,并且负载越多越是有劲,终于到颠倒翻侧再不能爬起。间或有人见到了,心怀怜悯,帮它卸去沉重的包袱。但他一旦能够爬起又拾取如同前番。又喜欢往高处爬,等到筋力疲竭,便坠地摔死。

古往今来,有多少人,或看上去形貌瑰伟,像是大丈夫;或看上去聪明睿智,像是圣贤哲人;或是身居高官;或是大有名望。但其远见智谋却同这一小虫差不多。多贪多贿,玩乐不爽,于是不顾德义,不顾国法,甘以身试法,身死名败,连家累室而不顾念。此又何苦来哉?

　　古代命官一个人犯了事,则因连坐之法,而诛连九族,更至乡邻。今天虽然废去连坐这一酷刑,但自己死后,白发苍苍之老父母,黄发嫩齿之幼儿女,尚留在世,世上之人如何冷眼相待,讥言相讽,也全然不顾,又于心何忍?亲恩、师恩、家国大恩,置于何处?一个愚谬贪污之人给社会,给家人造成多大的伤害,多坏的影响啊!所以我们自己不可不为戒,同时要以此来提防如此之人为官,而妨害社会。

家业兴衰系子弟

【原文】

同居父兄子弟,善恶贤否相半,若顽狠刻薄不惜家业之人先死,则其家兴盛未易量也;若慈善长厚勤谨之人先死,则其家不可救矣。谚云:"莫言家未成,成家子未生;莫言家未破,破家子未大。"亦此意也。

【译文】

生活在一起的父子兄弟辈中,一般来说,品行好与坏的人各占一半。倘若那些愚顽不肖刻薄狠毒的人早早死去,那么他那个家庭的兴盛衰荣尚不好下论断;但如果那些慈祥善良,忠厚勤俭的人先去世,那么这个家庭的衰败则是一定的了。俗话说:"不要说家庭还没有兴旺发达,能够使家庭发达的儿子还没有生养出来,不要断言家庭能够永葆兴盛,败家的儿子尚未长大。"就是说的这种现象。

【评析】

唐太宗有句名言:"国之治在得人。"其实家族的兴衰更在得人。

刘禅以近小人,耽酒色,昏庸腐朽而失国。被人讥为"扶不起的阿斗"。而更有得贤主而昌国者。与刘禅同时的曹睿,并非曹丕亲生,郭贵妃代甄皇后,无有嗣出。曹丕便养曹睿为后,平日虽宠爱有加,曹睿亦玲珑喜人,聪明剔透,然而因并非亲生,加之无有贤德才能出现,所以曹丕立他为太子之心并不坚定。一次曹睿随丕围猎,仆下从丛林中赶出母子两鹿。曹丕张弓发箭,母鹿立毙,小鹿站定,回头视曹睿,睿却双目流泪。曹丕很奇怪,便问他为什么还不快射,睿答曰:"陛下已射杀其母,臣安忍射其幼子。"曹丕大喜,弃弓于马下,抓住曹睿的手说:"真仁德之主也。"遂封曹睿为太子。后曹睿果然以其若谷之虚怀,无上之仁慈使得将士效命,人臣尽忠,国力大盛,奠定了一统华夏的基础。

"靡不有初,鲜克有终。"历朝开国之帝尽皆兢兢业业,勤政爱民,心系天下,然而最终落得花花江山,转为异姓。至令天下之人均以为"天下大势,由乱入治,由治入乱。"殊不知这实在是因为后人不思先人创业难艰,决荒垦弃,才得基业,却掷金如土,挥珠如砾,沉湎于享乐腐化所至,秦始皇、秦二世,隋文帝、隋炀帝皆二世而亡,南唐刘煜不过三世。此皆子孙不贤,顽劣刻薄不惜家业之典型。

普天之下莫非王土,土生万物,载育万民。国家如此之大基业,尚可毁于一不肖子弟之手,何况家有千金,万金,一屋一室者,又何足道哉!

养子亦需慎重

【原文】

贫者养他人之子当于幼时。盖贫者无田宅可养暮年,惟望其子反哺,不可不自其幼时衣食抚养以结其心;富者养他人之子当于既长之时。今世之富人养他人之子,多以为讳故,欲及其无知之时抚养,或养所出至微之人。长而不肖,恐其破家,方议逐去,致其争讼。若取于既长之时,其贤否可以粗见,苟能温淳守己,必能事所养如所生,且不致破家,亦不致争讼也。

【译文】

家中经济情况不好的,收养别人的儿子作为后嗣,应当在孩子小的时候就把他过继过来。因为贫困的人没有田产和房屋为依凭以颐养天年,只有期望儿子长大后来养活自己,不得不从幼小之时就给衣给食,养育其长大,用以培植他对你的感情;而富家大户收养孩子,则应当在孩子长大之后。现在富人抱养别人的孩子时,都害怕让孩子知道自己是养子,所以总是在孩子还不懂事时就将他领养过来。有时从贫困之家领养的孩子,长大后成了不肖之子,恐怕他会败破家业,便商议着要把他赶出家门,于是引起争讼。如果让孩子长大一点后再过继,那时,孩子的品行如何就可以看个大概。真的是个性格温淳敦厚、安分守己的,就一定会把养父母当作自己的亲生父母一般对待,也不至败坏家业,更不至于引起争讼官司了。

【评析】

俗话说:"养儿防老。"因为"光景没有百年好,人活七十古来稀"。

当自己年强力壮之时,自己能行能走,能食能劳。可年岁稍大,体内机器零件处处磨损,时时发生故障,则不可不有人侍傍于旁,端茶送水,承膝取欢。所以有子之人自不待说,无子之人,则取螟蛉,以续后嗣,绵延香火,四时得以供奉。至少可以年老之时望其反哺,百年之后,入土为安。故而有"不孝有三,无后为大"之说。

然而,袁采以为收养螟蛉也不可以不慎重。贫困人家应幼时抚养以结其心,富贵之家则应"取于既长之时"。他的出发点是贫困人家无财产,不得不靠感情联络,富贵人家有财产,则仅用其守家延嗣养老送终。他的说法不无道理,有时甚合于人情风俗。然而人如果没有感情,便叫他"冷血动物",人与动物之分则很大一部分在于人有感情。如果仅因财大业丰而慢待以心,养子虽能"事所养为生,且不敢破家",但人心远隔,毫无家庭温情气氛。

岂不大失所望？故而我以为不论贫者、富者均应"自幼以衣食抚养以结其心"。其心已结，当然亲近。

况且人子的好与坏，孝与不孝，均在于后天教育。当他年少之时，督促管教稍微严厉一些，他可能心怀怨恨。到他长大懂事，就会知道养父母不仅要让他长大，还要"成人"，而不是成为邪恶之徒。子教而成人，子不教而为"贼"的事情，自是很多，此不赘举。

己子不可轻与人

【原文】

多子固为人之患，不可以多子之故轻以与人。须俟其稍长，见其温淳守己，举以与人，两家获福。如在襁褓，即以与人，万一不肖，既破他家，必求归宗往往兴讼，又破我家，则两家受其祸矣。

【译文】

穷人家孩子多了固然在经济上是个负担，但不可因为孩子多就轻易地把他们送人为子。要等到他们长大一些后，见他性格温柔敦厚，安分守己，这才能把他过继给别人，如此做法则是两家人的福气。如果在襁褓中就送人，万一孩子将来不孝，在败坏了别人家的产业后，又必定会要求回到亲生父母身边。这样往往会引起官司，又会连带着把亲生父母家搞垮，其结果是两家都受害。

【评析】

有一百万富翁，妻子早丧，甚感孤独，每天虽悠闲自在，锦衣玉食，然而殊感闷闷不乐。一天，因游玩过晚，回到旅店已近子夜。却听得房后一家喧闹嬉笑。开窗后，看到那房里一穷汉正与众多儿子调皮顽耍。虽然个个衣衫破坏，骨瘦形销，但俱是兴高采烈，家中其乐融融，令富翁赞叹不已，便登门拜访，对穷汉说愿花十万元买一个儿子。穷汉一听，大喜过望。遂决定卖一个给他。老大、老二、老三，已年近成人，不日即可自立，并可赚钱养家，不能送人。老四、老五，正是孩童天性，日日疲惫归来，颇讨欢心，令老汉解颐一笑，实是心肝宝贝，亦不送人。老六、老七，少即多病。花去许多钱财，日夜厮磨，感情日深，难分难舍，亦不可送人。老八、老九尚在哺乳，如断然送人，如因水土不服而生疾病，骤然死去，亦不痛煞人哉！他双眼逡巡，心思反转，实是难下决心。况兼众子个个噤若寒蝉，瑟瑟后缩，唯恐父亲卖己，神情实令人可怜。穷汉愁肠百结，恼烦异常。不生卖子之心，虽则苦些，何曾如此烦恼。遂快刀斩乱麻：不卖了。霎时，雨过天晴，儿子们欢呼雀跃，穷汉不由双眼迸泪，面绽笑容。

袁氏虽以为不可轻与人，可其心出于忧愁继子为两家的祸患。殊不知，手心手背都是肉，哪一个能够割舍与人。要想完全消两家的祸患，自以不送子与人为最佳。等到孩子大了分门立户，则自己可以选择过不过继以为人子。人家亦可以决定是否收不收养他为螟蛉。

别人之子不可轻易收养

【原文】

养异姓之子,非惟祖先神灵不歆其祀,数世之后,必与同姓通婚姻者,律禁甚严。人多冒之,至启争端。设或人不之告,官不之治,岂可不思理之所在?江西养子,不去其所生之姓,而以所养之姓冠于其上,若复姓者。虽于经律无见,亦知恶其无别如此。同姓之子,昭穆不顺亦不可以为后。鸿雁微物,犹不乱行,人乃不然,至于叔拜侄,于理安乎?况启争端。设不得已,养弟养侄孙以奉祭祀,惟当抚之如子,以其财产与之。受所养者,奉所养如父。如古人为嫂制服,如今人为祖承重之意,而昭穆不乱亦无害也。

【译文】

养异姓之子作为后嗣,不光祖先和神灵不接受他的祭祀,而且几代之后,必然会有与同姓氏的人通婚的现象,这是国家法律严格禁止的。有很多人都这样做,以致最后引起了争端。即便是没有人告,官府也不去追究,难道人们就不考虑一下是否符合情理吗?在江西这个地方,收养别人的孩子,不去掉孩子生父的姓,只是把收养人的姓放在孩子原来的姓氏前边,就好像是复姓。这种做法虽然既未见于记载,也不是法律之规定,但也能看出来,人们反对养子与亲生子之间没有任何区别。即便是同姓氏本宗族的孩子,如果辈分不对,也不能作为后嗣。鸿雁只是一个小小的生灵,还懂得不乱伦,人却做不到。以致有叔叔为侄儿下拜的状况出现,这在礼法上难道合适吗?而况这样也容易引起争端。实在不得已的话,可以养弟弟和侄孙来传宗接代。不过应该把他当作自己的孩子一样来抚养,将来把自己的财产也传给他。被收养的孩子也要对待养父像父亲一样。像古人为嫂嫂制服,像今天的人为给祖先延续香火,这种做法只要不搞乱辈分,也没有什么害处。

【评析】

在封建宗法时代,家族的传宗接代是一件大事。如果一个家族没有了接续香火的子嗣,这是一件很痛苦的事。因此,人们在"断了香火"之后,就会想到收养别人的孩子来为自己传宗接代。这也可以说是一种不得已的办法,而且也是绝后者痛苦中的一点安慰。袁采之言在当时可能是很有现实意义的,但随着时代的发展,中国人的宗族观念已逐渐淡化,有无后嗣已成了一个不很重要的问题了。尤其是随着男女平等观念的普及,传宗接代的思想已成了一种落伍的观念了。而中国历史上曾经有过的大家族,也成了一种昔日的辉煌。

收养义子当无争端

【原文】

贤德之人,见族人及外亲子弟之贫,多收于其家,衣食教抚如己子。

而薄俗乃有贪其财产,于其身后,强欲承重,以为某人尝以我为嗣矣。

故高义之事使人病于难行。惟当于平昔别其居处。明其各称。若己嗣未立,或他人之子弟年居己子之长,尤不可不明嫌疑于平昔也。娶妻而有前夫之子,接脚夫而有前妻之子,欲抚养不欲抚养,尤不可不早定,以息他日之争。同入门及不同入门,同居及不同居,当质之于众,明之于官,以绝争端。若义子有劳于家,亦宜早有所酬。义兄弟有劳有恩,亦宜割财产与之,不可拘文而尽废恩义也。

【译文】

品德高尚的人,看到本家族或姻亲中家境贫寒的子弟,大多会主动地将他们收养在家,像对待自己的亲生儿子一样地供给衣食,并提供教育。然而在被收养的人中,难免有些人轻薄庸俗而贪图人家财产,在人家死后,企图强行继承人家的财产。并说:主人曾经把我当作过子嗣,所以收养贫寒子弟的义行竟使人难以施行。对此,解决的办法,只能是在平时就让所收养者别居他处,并讲明他的身份。倘若自己的子嗣尚年幼,或收养之人的年龄比自己的儿子大,就更应该及早表明态度,以绝争端。娶再嫁女子为妻时,妻子带有前夫的儿子,或作上门女婿而前妻尚留有子,对于这些子弟,要不要抚养,更要提前做出决定,以免将来发生争端。是否算一家人,是否住在一起,都应该当众讲明,并呈报于官,以免日后发生争执。如果收养之人对家庭出力不小,应该及早给予酬谢,父亲所收养的义兄义弟如果对家庭有功劳有恩德,也应分一份财产给他,不要拘泥于当初的条文规定,而彻底抛弃了相互扶持一场的恩义。

【评析】

当日豹子头林冲,在东京城里被高太尉陷害刺配沧州。又在沧州杀了三人,烧了草料场,到柴进庄上,被荐与梁山泊头领王伦。当时王伦看过荐书,思量柴大官人昔日的恩情,便请林冲坐了第四把交椅。但他蓦然寻思道:"我是个不及第的秀才,因鸟气,合着杜迁来这是落草,续后宋万来,聚集这许多人马伴当,我又没十分本事,杜迁、宋万武艺只是平常。如今不争添了这个人,他是京师禁军教头,必然好武艺。倘若被他识破我们手段,他须占强,我们如何迎敌?不若一怪,推却事故,发付他下山去便了了,免致后患。只是柴进面上不好看,忘了日前之恩,如今也顾他不得。"此一番寻思,便推粮少房稀,又是小去处,恐误了林冲前程。只因宋万、杜迁、朱贵等说情,便以投名状而决判。后又因杨志之事,许多曲折,终留林冲于山寨。后来晁盖劫了生辰纲,率众好汉杀了官兵,投上山寨后。王伦先还牛羊俱宰,设宴招待,殷勤周到。

等到饮酒之间,晁盖把胸中之事,从头至尾,都告诉王伦等众位。王伦听罢,骇然了半响,心内踌躇,做事不得,自己沉吟,虚应答筵宴。众人送下客馆安歇后,晁盖心中欢喜,对吴用等六人说:"我们造下这等弥天大罪,哪里去安身?不是王头领如此错爱,我等皆已失所,此恩不可不报!"吴用冷笑,说出一番话来:"(王伦)虽是口中应答,动静规模,心里好生不然。若是他有心收留我们,只就早早便议定了座位。""兄长不见他早间席上与兄长说话,倒有交情,次后因兄长说杀了许多官兵,捕盗巡检,放了何清,阮氏三雄如此豪杰,他便有些颜色变了。早间林冲看王伦答应兄长模样,他自便有些不平之气,频频把眼瞅着王伦;心内自己踌躇。我看这人,倒有顾盼之心,只是不得已,小生略放片言,教他本寨伙并。"后林冲来拜说道:"若这厮语言有理,不似昨日,万事罢论,倘若这厮有半句话参差时,尽在林冲身上。"第二日林冲即于寨后水亭子中伙并了王伦。随后于聚义亭中让晁盖坐了头把交椅,总领山寨。

施耐庵诗曰:"入伙分明是一群,相留意气便须亲,如何待彼为宾客,只恐身难做主人。"王伦于此犯了两大错误。一不该收留林冲,既收留,便不可刁难他,使他一无处可以藏身之配军死心塌地为己效力。二不该接纳晁盖等入中山。既接入山,便应虚怀以待之,使晁盖等众心怀恩义,永存敬意。此乃是引狼入室,尚期其完乎?终于身死人手,为世所笑。然而世人笑者,不外是嫌其"嫉贤傲士少宽柔,却把群英作寇仇。"可谁又想到一个有心济人,却无力服众的人,心力衰竭。强客压主,主岂能忍之?于此亦应向王伦洒一捧同情泪了。

袁采于此段中所述,"质之于众,明之于官,以绝争端。"诚为精辟,然用于有序之社会尚可,其如林冲、晁盖之徒能奈何否?然而即使这样,我们仍应为袁氏此一论述而喝彩。

孤女寡妇，安全居处

【原文】

寡妇再嫁，或有孤女年未及嫁，如内外亲姻有高义者，宁若与之议亲，使鞠养于舅姑之家，俟其长而成亲。若随母而归义父之家，则嫌疑之间多不自明。

【译文】

寡妇准备再嫁，或者有失去父亲的女子年龄还未到出嫁的时候，本宗族或其他亲戚中德义较高的人，应该给她们张罗定亲。让守寡的妇人或小孤女居住在婆家，等到小女孩长大了再为她成亲。如果跟随母亲到继父家生活，就会产生一些说不清的嫌疑。

【评析】

寡妇和不幸而孤的小女孩应该注意自身的安全，但童养媳也是一件不幸的事。有妈的孩子像块宝，没妈的孩子像根草。一个小女孩离开母亲，到婆家去守妇道，其境遇可想而知了。由此，我们不禁感叹：封建时代的妇女活得实在是太累了。

续娶后妻需慎重

【原文】

中年以后丧妻,乃人之大不幸。幼子幼女无与之抚存,饮食衣服,凡闺门之事无与之料理,则难于不娶。娶在室之人,则少艾之心,非中年以后之人所能御。娶寡居之人。或是不能安其室者,亦不易制。兼有前夫之子,不能忘情,或有亲生之子,岂免二心!故中年再娶为尤难。然妇人贤淑自守,和睦如一者,不为无人,特难值耳。

【译文】

中年丧妻,确是人生中一大不幸。幼儿稚女,无人照顾抚养;一应饮食,衣服等本应由母亲来操办的事情,也无人料理了。因此,中年人丧妻后,很难做到不再娶。如果娶黄花闺女为妻,那么,少女之心是中年人所难以捉摸的。如果娶寡妇为妻,她如同样不能安分守己,也实难控制。况且寡妇如带有前夫之子,则爱子之情,萦挂于怀,嫁过来后又生孩子,如何能确保不生二心!所以,中年人续娶是很费心的。然而,妇女中还是有贤惠、温淑、守妇道的,能使得全家和睦相处,亲密如一,只不过很难遇到罢了。

【评析】

孔子说:"夫子何思何虑,天下同归而殊途,一致而百虑。"是说无论你如何思、如何想,天下的道理都是相通的。读罢上则,想起明代柯丹邱所著的四大南戏之一《荆钗记》中,钱玉莲的遭遇。实在是此则的事实佐证。不禁为先哲的远见折服。

钱玉莲七岁丧母后,父亲续娶。不想继母是个不通道理的人。每日折磨小玉莲,稍有一点差错,非打即骂,毫无一丝亲情。玉莲长大后,由父亲许给穷书生王十朋。岂料继母为有个"老来靠",逼她嫁本村的富户。竟为玉莲设下三条路走:刀上死,水里死,绳上死。并恶狠狠地说:"依了我嫁孙家,多给你房奁首饰,若不肯嫁孙家,剥得赤条条,拣个十恶大败日,一乘破轿子,送到王家,房奁首饰,一点没有,再不许回娘家。"老父亲为了息事,只得退步,忍气吞声。草草地送玉莲到了王家。后来王十朋上京赶考,托付家眷给老岳父,不想孙家仍不死心。谎说王十朋考官后,作了宰相女婿。继母便受了孙家财礼,再逼玉莲改嫁。终于,玉莲忍受不住继母的虐待,投江而死。老父亲孤苦无依,要写状子给官,告老婆是不贤妇。虽说戏曲,结局是大团圆,玉莲得人搭救,终与王十朋夫妻团聚。可这一结局,分明是迎合观众的心理而来。

玉莲的命运不会如此顺利。中年再娶确实让人费心劳神,不可不小心。

寡妇应自养幼子

【原文】

妇人有以其夫蠢懦,而能自理家务,计算钱谷出入,人不能欺者;有夫不肖而能与其子同理家务,不致破家荡产者;有夫死子幼而能教养其子,敦睦内外姻亲,料理家务至于兴隆者,皆贤妇人也。而夫死子幼,居家营生最为难事。托之宗族,宗族未必贤;托之亲戚,亲戚未必贤。贤者又不肯预人家事。惟妇人自识书算,而所托之人衣食自给,稍识公义,则庶几焉。不然,鲜不破家。

【译文】

作为妻子因为丈夫怯懦蠢笨,就自己施展才能,操持家务,掌管钱粮支出借入事务,使得别人不敢小觑欺侮;有的妻子因为丈夫不务正业,就同孩子们一道主持家中营生,使得家庭幸免于破败;有的妻子丈夫早死而儿子尚小,但她却能教养孩子,把亲戚家族之间的关系处理得很好,并能料理家务,甚至使家庭日益兴旺发达。这些妇人都是很贤惠能干的女子。对于妇女来说,丈夫早死而儿子尚幼,这时是维持生活,经营家业最困难的时期。因为如果你把家事托付给同宗同族的人,宗族的人未必就是贤良的人,托付给亲戚,亲戚也未必就贤良。并且贤良的人大多不肯多管别人家的私事。只有妇女自己能够识文断字,所托付之人又衣食自给,懂得一些公义道理,或许能渡过这个难关。不然的话,很少有不家业破败的。

【评析】

清文宗皇太极得暴疾身亡后,留下博尔济吉特氏(即以后史称"孝庄文皇后")和幼子福临。因为皇太极生前没指定继承人,因而死后"诸王兄弟,相争为乱,窥伺神器"。当时诸王中有力量争夺皇位的是睿亲王多尔衮和皇太极的长子肃亲王豪格,两者之间斗争激烈。最后多尔衮感到势单力薄,暂时作了让步,提出立年方六岁的福临为帝,而多尔衮与济尔哈朗"左右辅政,年长之后,当归政"。于是福临继承了皇位。

福临即位后,多尔衮要夺皇位的野心并没有消除,随着他的权势不断扩大,想做皇帝的欲望也日益增加。"胜国旧臣之所奉,只知有摄政王(多尔衮)"。孝庄文皇后看到多尔衮植党营私,打击异己,独揽大权。"关内关外感知有睿王一人。"这种形势无疑时刻威胁着幼帝福临的皇位,于是孝庄文皇后下嫁多尔衮。她企图以此来笼络和控制多尔衮,巩固自己及其嫡子福临的地位。这个包含政治目的的行动,在一定程度上起到了延缓和阻止多尔衮夺位称帝的作用,尽管多尔衮积极篡位,但是始终未能实现。

顺治七年多尔衮死后,孝庄文皇后辅助十三岁的顺治皇帝开始亲政,她为了加速镇压抗清力量和南明残余势力,十分重视团结汉族将领,使他们为清王朝效力。如曾破例把平南王孔有德的女儿孔四贞"育之宫中。赐白金万两,岁俸视郡主"。又把太宗皇太极的第十四女和硕公主嫁给平南王吴三桂之子吴应熊为妻。此外她还提倡节俭,曾多次把宫中节省银两赈济灾民。她这种做法一直影响到康熙、雍正两朝。

顺治十八年,福临死后由玄烨即位。此时康熙年仅八岁,而孝庄文皇后已是整个清朝统治集团中德高望重,一言九鼎的人物。康熙十二年三藩之乱爆发后,孝庄文皇后发散宫中金帛加犒出征驻防士兵。十四年,内蒙察哈尔部布尔尼乘三藩叛乱,清军无力北顾之机兴兵作乱,孝庄文皇后要康熙沉着应战。一面遣使招抚,观其虚实,一面派大学士图海镇压。结果布尔尼被杀,叛乱遂平。由是观之,孝庄文皇后知人善任,临事处置果断而有心计。

孝庄文皇后经常面授机宜,培养康熙处理政务的能力。康熙曾说:"忆自弱龄,早失怙恃,趋承祖母膝下三十余年,鞠养教诲,以致有成,设无祖母太皇太后,断不能有今日成立。"由此可见,这位贤能的祖母,对康熙成为我国封建社会颇有作为的皇帝起了重要的作用。

孝庄文皇后,一生经历了清初三朝政局的变化,精心扶立两个幼年皇帝主政,诚为袁氏所说之"贤妇人""最为难事"也百般周旋,安然得过。

幼定终身弊处多

【原文】

人之男女,不可于幼小时便议婚姻。大抵女欲得托,男欲得偶,若论目前,悔必在后。盖富贵盛衰,更迭不常。男女之贤否,须年长乃可见。若早议婚姻,事无变易,固为甚善,或昔富而今贫,或昔贵而今贱,或所议之婿流荡不肖,或所议之女狠戾不检。从其前约则难保家,背其前约则为薄义,而争讼由之以兴,可不戒哉!

【译文】

家中的孩子,决不应当在他们年纪幼小的时候,就为他们订下婚事。大抵女方订亲,是要找一位可以托付终身的男人;男方订亲,是要找一位可以相依相伴的女子。如果现在看着他们还相匹配,就为他们定下亲事,将来一定会后悔的。因为家族的富贵兴衰是变化无常的。孩子的贤良与否,也得等到长大后才能看出。如果早早议定了婚事,而两家情况不变,孩子均好,当然很好。可是万一以前富裕而现在穷了,或者以前有权有势而现在没了,或者所议定的女婿游手好闲,或者议定的媳妇性格乖僻,不知检点。那么依照以前所定的婚姻行事,则不保要破家毁业,不依婚约则又负不守信义的恶名,并由此引发官司诉讼。对于此,作为父母的人,能不有所警惕!

【评析】

做父母的为孩子早早定婚不过是由于以下几种情况。父母辈之间,因为交情笃好,性情相投,欲作数世厚谊。父母爱子女若心肝宝贝,想使子女早早成家立业,婚事早谐,以便早日抱到孙子,好承宗传代。父母因慕对方钱势,想借此蟾宫折桂,光耀门楣。父母看重人家儿女长得聪明俊秀,容貌秀美,因而想及早娉作自家妇婿,免为别家占先。凡此四种,都是将婚姻系于一些不稳定因素之上。使得本来好好的愿望落空,姻亲两家重则反目成仇,轻则怄气,相互嫌恶。因为诚如袁氏所说"富贵盛衰;更迭不常"。家道的兴衰荣辱,是很容易变化的。特别是在古代,官宦人家,因一人得道便鸡犬升天。或一人犯君,整个家族便"呼喇喇似大厦倒"。那些因羡慕人家钱势的不要顿足捶胸,叫苦连天吗?

有那些数世交好,欲想要靠儿女结亲来延续友谊的,殊不想男女尚小,性情、形貌都没有定格,万一长大后性情不合,彼此又各情有所属,两家大人不是很难决断,进退维谷?况且两家关系亲密,免不了频频往来,礼尚互搭,难免会发生些龃龉。但两家儿女婚姻夹在中间，彼此面和心不和。如果草率完婚，而大人之间交情日疏，表里不一，儿女便要在中间难做人。在古代又战乱不时发生，如果一家搬迁，消息不通，男女各到婚嫁年龄，如何处置？不但耽误儿女青青，且弄不好世交之谊，毁于一旦。那些因爱人家儿女而早早为他们定婚的，一般结果也不会好。小时候聪明的，大了不一定聪明，小时候漂亮的大了不一定漂亮，即使容貌相匹配，其中还有一个品性问题。一旦女婿或媳妇性体不好，德行有亏，不是因爱反而害了子女吗？看来，早早地为子女定婚是有百害而可能没有一益的。

议亲贵人品

【原文】

男女议亲,不可贪其阀阅之高,资产之厚。苟人物不相当,则子女终身抱恨,况又不和而生他事者乎!

【译文】

男女双方在议定婚事时,决不可贪图对方的门第和财富。如果双方在形貌品性上不相配,却缔结了婚姻,就会使子女抱恨终身,况且,夫妻不和又会引发许多事端呢!

【评析】

门第观念,是随着世族地主势力而发展起来的一种腐朽的地主阶级意识。世族在东汉末年发展起来,到魏文帝时行九品中正法,选举制度被世族地主集团控制,他们尊世胄,卑寒士,完全根据门第的高低来选择官吏。同时在婚姻方面,高门势族也是自恃清高,不与庶族地主官员轻易通婚。门第完全成为判别人品及取官婚配的标准,即所谓:"取士必问家世,婚姻必问阀阅。"在这种情况下,谱牒之学应运而生。世族地主纷纷为自己编撰家谱、族谱,在各地评定门第的等级,统治者则用法律的形式对高门势族加以保护和标榜。

贞观六年,唐太宗对房玄龄说:现在山东崔、卢、李、郑四姓,虽已数世衰微,犹抱着他们旧日的门望,自高自大,每当嫁女他族,必广索聘礼。甚至以门第的等级,定聘礼的多少,论数定约,同于市场买卖,损害风俗,旧的门第等级如此轻重颠倒,非改革不可。

贞观十六年,唐太宗又诏令禁止旧世族卖婚,诏曰:"(旧族)吹嘘门望的目的在于勒索钱财,因此联姻必找富室。然而竟有新官之辈,财富之家,慕其徒有虚名的门望,竞相结亲,多纳财货,有如卖婚,于是有的自损家门,甘受屈辱,有的则矜其旧族,对姻亲非礼。自今年六月起禁止卖婚。"

尽管山东的崔、卢、李、郑家世日趋下落,在政治上无足轻重,但在婚姻上仍十分吃香。一些公卿宰相大臣之家,争相与他们缔结婚姻,并且愿陪送大量资财。而对李唐皇室缔婚则多采取敬而远之的态度,唐太宗曾命皇室子女选妃择婿,只挑本朝勋臣之家,"不议山东之族"。

但房玄龄、魏征、李勣等人,却和山东旧族"盛与为婚"。在门望方面,依靠与山东旧族联姻来攀高门。唐太宗对此虽然不满,但在强大的习惯势力面前也无可奈何,只能迁就了事。

今天门第观念似有死灰复燃之势,实是男女婚姻之大患,我们不可不防。

婚配需条件相当

【原文】

有男虽欲择妇,有女虽欲择婿,又须自量我家子女如何。如我子愚痴庸下,若娶美妇,岂特不和,或有他事;如我女丑拙狠妒,若嫁美婿,万一不和,卒为其弃出者有之。凡嫁娶因非偶而不和者,父母不审之罪也。

【译文】

家中男孩要聘媳妇,女孩要定女婿,做父母的得考虑一下自家的子女条件如何,如果自家儿子愚笨平庸,却娶了一个美貌女子为妻,不但夫妻会不和,还会发生其他事情。如果自家女儿又丑又笨还爱争风吃醋,却嫁了一个好女婿,万一夫妻不和,就会被人家抛弃,大凡男女结婚后,因为不般配而导致双方不能和睦相处的,都是做父母的事先没有考虑周全的过错。

【评析】

《醒世恒言》上有一回,叫作《钱秀才错占凤凰俦》。讲的是这样一个故事。说西洞庭有户人家,家主高赞,有一子一女。女名秋芳,风流不让崔莺,袅娜休言西子,面如桃花含露,体如白雪团成。人物齐整,且又聪明。高赞便想拣个读书君子,才貌双全的配她,财礼不论,要男子亲来,自己相过才可。有一钱青秀士,饱读诗书,一表人才,但年当弱冠,无力娶妻。幸得同县一位表兄,家道颇富,邀他在家读书,供给食宿。表兄姓颜名俊,面貌丑陋,胸无点墨,却好妆扮,穿红着绿,低声强笑,自以为美,又有好高之病,想娶一美女为妻,故而亦未婚娶。听得高赞此说,明知自己不行,却是心恋高女美貌,便心生一计,让钱青假冒,替他娶回。钱青受人恩惠,明知不妥,又无办法,便惴惴而行。高赞一眼相中,便择日迎娶。高赞又要新郎亲迎,钱青又不得不再辛苦。迎娶之时忽然起大风,下起大雪,因两家隔湖而住,不能过去,高便决定在己家完婚。钱青心知不妙,再三推脱不可,不想大风三日方息。

颜俊在家心急如火。等到迎亲队伍归来,遂不分青红抓住钱青就打。钱青三日之中,虽秋毫无犯,如何说得明白。高赞见人殴打新郎,便率仆从挥拳相向,两家大打出手,满街喧哗。县令听说,捕系两家到堂,问明情况,判高女为钱青之妻。判词曰:"佳男配了佳妇,而得其宜;求妻到底无妻,自作之孽。"

冯梦龙为诗曰：丑脸如何骗美妻？作成表弟得便宜，可怜一片吴江月，冷照鸳鸯湖上飞。

设若高老不是详审亲判，岂不误了女儿的终身？而颜俊不自思量，终于偷鸡不着蚀把米。

媒人之言不可轻信

【原文】

古人谓"周人恶媒",以其言语反复。给女家则曰男富,给男家则曰女美,近世尤甚。给女家则曰:男家不求备礼,且助出嫁遣之资;给男家则厚许其所迁之贿,且虚指数目。若轻信其言而成婚,则责恨见欺,夫妻反目,至于仳离者有之。大抵嫁娶固不可无媒,而媒者之言不可尽信。如此,宜谨察于始。

【译文】

古人说:"心思缜密的人讨厌媒人。"这是因为媒人大都言而无信,满嘴谎辞。在女方家里说男方如何富裕;在男方家里说女方如何貌美。

近年来,这种风气更为恶劣,在女方家里,媒人会说男方不要求嫁妆多么丰厚,相反会出一些钱作为女方嫁女之资。在男方家里,媒人则说女方准备了多么丰富的嫁妆。并且虚编一个数字来欺骗男方。倘若轻信了媒人的话,让双方结婚,就会因被欺骗而恼怒在心,至于夫妻反目,因此而离婚的也大有人在。一般来说,婚姻嫁娶固然少不了媒人,可媒人的话决不可全信。鉴于此种情况,作为双方父母,一开始就要谨慎小心,查访清楚。

【评析】

封建时代不同现在,讲究自由恋爱,它依据男女有别,授受不亲的原则,婚姻靠的是父母之命媒妁之言。家隔不远,父母尚可打听周祥,稍有距离,则不得不靠媒人的话,得知一滴半点对方的消息。男女双方更不得见面,及致洞房花烛,夫妻才得见面。一瞅,噢!夫婿如何,噢!媳妇如何。于是男子貌如潘安,女子丑于无盐;或女子貌美如花,男子萎锁如虾。然而这样结为夫妇的大有其事。于是不得不叹息自己时乖命蹇,上演一出出对花伤心,望月劳情的悲愁故事,令人辛酸,令人长叹。故而媒人之言大都不可信。

男女本应平等对待

【原文】

嫁女须随家力,不可勉强。然或财产宽余,亦不可视为他人,不以分给。今世固有生男不得力而依托女家,及身后葬祭皆由女子者,岂可谓生女之不如男也!大抵女子之心最为可怜,母家富而夫家贫,则欲得母家之财以与夫家;夫家富而母家贫,则欲得夫家之财以与母家。为父母及夫者,宜怜而稍从之。及其男女嫁娶之后,男家富而女家贫,则欲得男家之财以与女家;女家富而男家贫,则欲得女家之财以与男家。为男女者,亦宜怜而稍从之。若或割贫益富,此为非宜,不从可也。

【译文】

嫁女时置办嫁妆,应该量力而行,不能打肿脸充胖子。可如果确实家道殷实,也不可把她视作外人而不分财产给她。现在这个社会原本就有小子却不能依靠而依靠女儿家的,甚至死后埋葬祭祀都要由女儿操办的,怎么能说生女儿不如生男儿呢?一般来说,女儿家的心肠最让人爱惜。如果娘家富而婆家穷,就想法从娘家得些财物接济婆家。如果婆家富而娘家穷,就想法从婆家得些财物接济娘家。作为父母亲和丈夫的,对此都应持怜惜的态度而宽容她,等到自己的儿女长大成婚后,如果儿子家里富而女儿家贫,就会想法从儿子家拿一些钱物接济女儿家。如果女儿家富而儿子家穷,又会想法从女儿家得些钱物接济儿子,作为儿女的,对此都应该宽容一些。但是,如果把贫家的财物往富家拿,就不对了,不顺从她便是应该的了。

【评析】

漫长的封建社会,形成了妇女在家庭中的从属地位,处处依靠作为一家之长的丈夫,经济上的不独立,造成人格上的不独立,因而对她的所作所为,丈夫便有许多挑剔之处。袁采劝诫世人,对女子的"心肠"应多宽容、体谅一些,少加指责一些。可见,作为封建士大夫的袁采对女子有一种发自内心的同情,因而,他的这种观点也有值得人深思的一面。

妇人年老宜善待

【原文】

人言"光景百年,七十者稀",为其倏忽易过。而命穷之人,晚景最不易的过,大率五十岁前过二十年如十年,五十岁后过十年不啻二十年。而妇人之享高年者,尤为难过。大率妇人依人而立,其未嫁之前,有好祖不如有好父,有好父不如有好兄弟,有好兄弟不如有好子侄;其既嫁之后,有好翁不如有好夫,有好夫不如有好子,有好子不如有好孙。故妇人多有少壮享富贵而暮年无聊者,盖由此也。凡其亲戚,所宜矜念。

【译文】

人常说:"光景可以达百年,人活七十古来稀。"这是时光易过,人生短暂。然而,命运不济的人,到年老的时候,光景最难过。大约地说五十岁以前过二十年像过十年,五十岁以后过十年就好像不止过了二十年。那些妇道人家中高寿的,更是难过,因为妇道之人都依靠别人过活。没出嫁前,对她来说,有好祖父不如有个好父亲,有好父亲不如有个好兄弟,有好兄弟不如有个好侄子。出嫁以后,对她而言,则是有好公公不如有好丈夫,有好丈夫不如有好儿子,有好儿子不如有好孙子。所以妇道人中存在许多早年享受富贵荣华,晚年却光景惨淡的,原因就在这里。只要是其亲戚,都应想到这一点而多给她些关照。

【评析】

有一老妇人,年轻时家道也颇富裕,丈夫又多眷恋,故而生活幸福安乐。不想丈夫半道得暴病故去。白头偕老的话便随风而散。所幸膝下尚有孩子,虽未成年,扶养艰辛,倒解去不少寂寞无聊之苦。加之儿子性勤谨,妇人心中指望不小,倒也易于打发日月,光阴荏苒,转眼间数年已过。妇人含辛茹苦,儿子也娶妻生子。妇人以能动之手,勤于帮衬媳妇治家,洗衣做饭,打扫场院。等小夫妻下田劳动,便逗引孙子,其乐也融融。孙子又颇解人意,聪明伶俐,能承欢膝下。妇人心里自是感到甜蜜,以为老年有靠,所受之苦,终不算枉。可是好景不长,年老之人,一日不比一日,兼之多年勤劳,落下腰酸腿疼的毛病,儿子还不说什么。媳妇就显出些眉高眼低,越来越不耐烦侍候老妇人了。开始,媳妇说什么,儿子还当耳边风。可是久病床前无孝子,又说:"娇妻唤作枕边灵,十事商量九事成。"枕边风吹得多了如何能不动心思。又自思量,自家小家,专靠夫妻二人,几亩薄田,如何能经受老病之人光吃不干拖累人。一日,终下决心。夫妻二人便置老母于一竹筐之中,趁夜静无人,悄悄抬置荒野僻静之处,任其饿死了事。可是孙子从小与祖母厮磨,感情日深,平日便瞒着父母拿些好东西给奶奶吃,夫妻日议,怎会不知,只是人小力微,无可奈何。那夜,夫妻归来,孙子问奶奶如何不见。夫妻初时尚支吾不言,等孙子也说奶奶拖累的话时,夫妻才告诉实情。孙子拍掌说:"真好主意,等你们老时,我自用两个竹筐,把你们一样处置。"夫妻面面相觑,心中大惊。慌忙赶出家门把老母抬回,从此好言好色,尽心侍候。老妇人终得享天年。

由是观之,袁氏所言"有好子不如有好孙"者,确有道理。

收养亲戚当得法

【原文】

人之姑、姨、姊、妹及亲戚妇人,年老而子孙不肖,不能供养者,不可不收养。然又须关防,恐其身故之后,其不肖子孙却妄经官司,称其人因饥寒而死,或称其人有遗下囊箧之物。官中受其牒,必为追证,不免有扰。须于生前令白之于众,质之于官,称身外无余物,则免他患。大抵要为高义之事,须令无后患。

【译文】

人的姑母、姨母、姐姐、妹妹等女性亲属中,有些年老而子孙又不孝顺,以至得不到赡养的,应该把她接到家中奉养起来。但同时又要谨慎,因为怕她死后,她的那些不肖子孙胡搅蛮缠而与你打官司,说什么被你收养的人是因为你不给衣食,受饥挨饿死去的,或者说死者留下些财物被你占去。官府接到状纸,必定会调查取证,免不了闹得你家中鸡犬不宁。所以,必须让被你收养的亲戚在生前就把情况向大家说清楚,并在官府备案,讲清自己并无财产,以免今后产生祸患。一般来说,要做一些高尚的事情,事先必须考虑周全,以免留下后患。

【评析】

曹操借王允宝刀刺杀董卓未遂,被董卓识破,画影图形,悬以重赏,行文天下,缉拿曹操。在中牟县,县令陈宫感激曹操忠义,便弃官与操同行。三日后曹操与陈宫到父亲的结义兄弟吕伯奢家探问消息。《三国演义》有一极精彩的描述:操告以前事,曰:"若非陈县令,已粉身碎骨矣。"伯奢拜陈宫曰:"小侄若非使君,曹氏灭门矣。使君宽怀安坐,今晚便可下榻草舍。"

说罢,起身入内。良久乃出,谓陈宫曰:"老夫家无好酒,容往西村沽一樽来相待。"言讫,匆匆上驴而去。操与宫久坐,忽闻庄后有磨刀之声。操曰:"吕伯奢非吾至亲,此去可疑,当窃听之。"二人潜步入草堂后,但闻人语曰:"缚而杀人,何如?"操曰:"是矣!今若不先下手,必遭擒获!"遂与宫拔剑直入,不问男女,皆杀之,一连杀死八口。

搜至厨下,却见缚一猪欲杀。宫曰:"孟德心多,误杀好人矣!"急出庄上马而行。行不到二里,只见伯奢驴鞍前鞒悬酒二瓶,手携果菜而来,叫曰:"贤侄与使君何故便去"操曰:"被罪之人,不敢久住。"伯奢曰:"吾已吩咐家人宰一猪相款,贤侄、使君何憎一宿?速请转骑。"

操不顾,策马便行,行不数步,忽拔剑复回,叫伯奢曰:"此来者何人!"伯奢回头看时,操挥剑斩伯奢于驴下。宫大惊曰:"适才误耳,今何为也?"操曰:"伯奢到家,见杀死多人,安肯干休?若率众来追,必遭祸矣。"宫曰:"知而故杀,大不义也!"操曰:"宁教我负天下人,休叫天下人负我。"陈宫默然。袁氏防所收养之人成为不肖子孙的论述可谓备至,但"智者千虑,终有一失"。终无只字论及所养之人如何如何,不是他之所失?

分配财产务均平

【原文】

父祖高年,急于管干,多将财产均给子孙。若父祖出于公心,初无偏曲,子孙各能戮力,不事游荡,则均给之后,既无争讼,必至兴隆。

若父祖缘有过房之子,缘有前母后母之子,缘有子亡而不爱其孙,又有虽是一等子孙,自有憎爱,凡衣食财物所及,必有厚薄,致令子孙力求均给,其父祖又于其中暗有轻重,安得不起他日之争端!若父祖缘其子孙内有不肖之人,虑其侵害他房,不得已而均给者,止可逐时均给财谷,不可均给田产。若均给田产,彼以为己分所有,必邀求尊长立契典卖,典卖既尽,窥觑他房,从而婪取,必至兴讼,使贤子贤孙被其扰害,同于破荡,不可不思。大抵人之子孙或十数人皆能守己,其中有一不肖,则十数均受其害,至于破家者有之。国家法令百端,终不能禁;父祖智谋百端,终不能防。欲延家祚者,鉴他家之已往,思我家之未来,可不修德熟虑,以为长久之计耶?

【译文】

父祖辈年纪大了,不愿多管理干涉家事。大多将财产均分给子孙了事。如果父亲祖父们用心公正,一开始就无有偏袒,子孙们又都能同心协力,经营家业,而不学浪荡子,那么平均分配之后,不但没有争执,家道更会兴旺。如果父亲祖父长辈因为有过继的子孙,因为有异母之子,因为儿子死了而不喜欢留下的孙子,还因为虽然都一样是子孙,自己却有爱有憎,平日有资助有不资助,但凡供给衣服食物钱财东西,又必然有厚有薄。这就使得子孙在分配财产时强烈要求平均分配。作为长辈又在暗中使分配不均,怎么能期望日后不起争端?如果因为家中有败家子,长辈担心他日后侵害别的孩子的利益,在分财产时虽然迫不得已地要分给他一份,也只能按时给一些钱粮而不将田产平均分他。如果你分他田产,他就觉得自己有了自主权,一定请求长辈订立契约而将田产卖掉。

而田产卖光以后,他就会去骚扰其弟兄们想再贪占一点,这就必然引起诉讼,使得那些品行良好的子孙被他骚扰祸害,与他一同破家荡产。对此,不能不考虑。一般说来,子孙中即使有十多个人都安分守己,而有一人是败家子,那么,这十几人都要身受其害,乃至倾家荡产。国家法令再严,也无法杜绝犯罪,祖父智谋再高,也不能防止发生上述事情。

想使家族永远昌盛的,得看看别人家的兴衰历史,好好想一想自己家的将来。难道可以不从现在起修养道德,详细计划,以为未来作一长远打算吗?

【评析】

俗语说:天下老人,都爱惜小儿子。我们不管此话有理无理,只以此表示,以父母之心对待子女,都有爱憎、薄厚之分。十个指头伸出都不能一般齐,子孙中当然有好有坏,有优有劣,人心有所偏让,在所难免。有些见识长的可以把事情办得不显山不露水,小事虽有偏袒,大事并不糊涂。在分房立业的时候持公平端正的心,纵然不被偏爱的子孙,见到分产均当,心下自然没气。而没见识的,自以为我的财产,愿给谁给谁,在分析产业时,明显不公。一时间好像给自己喜欢的儿子添福,但日后,兄弟不和,难免发生争执,得不偿失,甚至多得财物的儿子,都会埋怨老人。况且老人所偏爱的,必然宠溺。容易成为性情不好,事父不孝,不学无术的人。一旦这种事情发生,老人怕有供给不善之忧,又无颜到其他儿子处就养,那时,岂不悔之晚矣!

立遗嘱宜公平

【原文】

遗嘱之文,皆贤明之人为身后之虑。然亦须公平,乃可以保家。如劫于悍妻黠妾,因于后妻爱子中有偏曲厚薄,或妄立嗣,或妄逐子,不近人情之事,不可胜数,皆所以兴讼破家也。

【译文】

所谓遗嘱,都是有见识的人怕自己百年之后,发生什么争执而生前预写的死后该如何如何处置的文书。但是遗嘱也必须公平,才能使家中免生是非,和睦兴旺。如果因为妻或妾凶狠狡诈,在立遗嘱时对于自己的后妻或孩子有厚有薄,有偏有私,或随便更改继承权,或轻易地驱赶孩子出门,等等,种种不合乎人情礼仪的事,不知有多少。都是引发纠纷而使家业破败的根源。

【评析】

汉高祖刘邦宠爱戚夫人。因为"母爱者子抱"。所以戚夫人之子赵王如意常被高祖抱居膝上。并说"终不使不肖子居爱子之上"。戚夫人也因日夜侍御,数次吹枕边风。建汉十二年,击破黥布军归后,高祖病重,便更想改易太子。留侯张良进谏,不听,叔孙太傅称说引古今,冒死进太子,高祖又假装答应,但他犹想改换太子。然而,终没立下遗诏。等到太子听从张良的计划,引东园公、角里先生、倚里季、夏黄公为心腹时,高祖已无可奈何了。高祖对戚夫人说:"我欲易之,彼四人辅之,羽翼已成,难动矣。吕后真而主矣!"戚夫人泣,高祖为之楚歌曰:"鸿鹄高飞,一举千里,羽翮已就,横绝四海。横绝四海,当可奈何!虽有矰缴,尚安所施。"易换太子的事情便不再提。孝惠即位后,其母吕后因怨恨戚夫人及其子赵王,便用毒酒药死赵王,把戚夫人的手足断去,眼睛挖去,饮药至哑,放居厕所,叫作"人彘"。连儿子孝惠帝都大病,说:"此非人所为。"

汉高祖提三尺剑,安天下,见识当然高人一等,然而,爱戚夫人子而不早立遗诏,岂不是大失策!戚夫人虽受宠,却不想她于建天下无功,怎能是吕后对手?他们因爱子,而终丧失儿子性命。高祖、戚夫人都为天下人所笑了。

遗嘱之文宜预为

【原文】

父祖有虑子孙争讼者,常欲预为遗嘱之文,而不知风烛不常,因循不决,至于疾病危笃,虽心中尚了然,而口不能言,手不能动,饮恨而死者多矣。况有神识昏乱者乎!

【译文】

有些做父亲、祖父的担心自己死后孩子们会为财产问题而发生争执,就常常记挂着早早写下遗嘱。然而他们不知道祸福不定,时光荏苒,常犹豫不决。等到他们疾病发作,病势加重之时,虽然心中还明白,但已是口不能言,手不能动,只能含恨死去。何况有人在临终前已是神志不清,就更无法立遗嘱了。

【评析】

曹操与刘备煮酒论英雄时,曹操请刘备试指言之。刘备曰:"有一人号称人俊,威震九州——刘景升可为英雄?"曹操曰:"刘表虚名无实,非英雄。"曹操可谓知人,后来刘备劝刘表乘曹操北征,许昌空虚,趁机袭击,刘表竟说:"吾坐据九郡足矣,岂可别图?"可知刘表确是胸无大志,目光短浅之人。刘表在家事上亦糊涂。刘备与刘表饮酒,表忽潸然泪下,玄德问其故,表曰:"吾有心事,前者欲诉与贤弟,未得其便"。"前妻陈氏所生长子琦,为人虽贤,而柔懦不足立事,后妻蔡氏所生少子琮,颇聪明,吾欲废长立幼,恐碍于礼法;欲立长子,怎奈蔡氏族中,皆掌军务,后必生乱,因此委决不下。"玄德曰:"自古废长立幼,取乱之道,若忧蔡氏权重,可徐徐削之,不可溺爱而立少子也。"表默然。刘表病重,商议写遗嘱,令玄德辅佐长子刘琦为荆州之主。蔡夫人闻之大怒,关上内门,使蔡瑁(其弟)、张允二人把住外门。刘琦在江夏,知父病危,来荆州探病,被蔡瑁挡住。刘琦立于门外大哭一场,上马仍回江夏。刘表病势危笃,望刘琦不来,大叫数声而死。蔡夫人与蔡瑁、张允商议,假写遗嘱,令刘琮为荆州之主,然后举哀报丧。后曹操引大军来攻荆州,蔡夫人又怕刘备、刘琦兴兵问罪,遂决意献荆襄九郡与曹操。刘琮虽说:"以先君之业,一旦弃与他人,恐贻笑天下。"然亦无可奈何了。

后人有诗叹刘表曰:"昔闻袁氏居河朔,又见刘君霸汉阳。总为牝晨致家累,可怜不久尽消亡!"

刘表因犹豫不决,不能早使刘琦为荆州之主的意思立书为文,公之于众。不但使父子(刘表与刘琦)临死不能面见,大好河山委与他人,贻笑天下,而且使得英雄刘皇叔马跃檀溪,暗曰:"今番死矣!"大呼:"的卢,的卢,今日防吾!"后世之人当以刘表为戒。

卷中

处己

人之智识有高下

【原文】

人之智识固有高下,又有高下殊绝者。高之见下,如登高望远,无不尽见;下之视高,如在墙外欲窥墙里。若高下相去差近犹可与语;若相去远甚,不如勿告,徒费口颊舌尔。譬如弈棋,若高低止较三五着,尚可对弈,国手与未识筹局之人对弈,果何如哉?

【译文】

人与人之间的智力及知识水平当然有高下之分,并且有的相差特悬殊,水平高的人看水平低的,就好像登高望远,远处景物一览无余;水平低的人看水平高的,就像在墙外的人想往墙里看,什么也无法看见,如果高低相差无几,那么还可以相互交流,如果二者相差甚远,那么,两个人不如干脆不要切磋,白费口舌罢了。就像下棋,如果双方的水平只差三五着,还可以下。如果一个是国手,一个是根本不知道如何走的,两个人下棋,结果会是怎么样呢?

【评析】

人的知识与见识,一方面来自天资,一方面来自后天教育学习。天资聪颖的人,能够过目成诵,出口成章,下笔成文。就如浑金璞玉,稍加琢磨,便大放异彩。古来大圣、大智者,绝大多数是这类人。而资质稍差的人,如果遇到名师指点,自己又心虚若谷,怀抱谦诚,严于律己,恭敬有礼,勤奋好学,不耻下问,善于思考,则也能够救弊救偏,成一番大事业,有一番大作为。又有些特别愚顽,真如榆木疙瘩,死活不开窍的,那也不必灰心,因为上天既然降生了他,便不会唾弃不管,必有一样适合他的工作,则多试几次,终能发现,用心钻研不难开拓天地。不必执着于学问一条道路。如果执着于学问一途,则不异于赶着牛车与汽车赛跑,如何赶得着。

孔老夫子有一高徒颜回,死后孔子大哭,甚至伤了身体,众弟子说:"子恸矣!"孔子曰:"不恸乎?非夫人之为恸而谁为?"是说:"我悲痛过头了吗?我不为这个人悲伤,还为谁悲伤呢?"又说:"唉!老天爷要我的命呀,要我的命呀!"孔子如此赏识颜回,可见颜回的学问与德行、天资都是相当高的,可是颜回谈到孔子时喟然叹曰:"仰之弥高,钻之弥坚。瞻之在前,忽焉在后。夫子循循然善诱人,博我以文,约我以礼,欲罢不能。既竭吾才,如有所立卓尔。虽欲从之,未由也已。"

以颜回之贤之用功,尚如此说,可见人之智识确实有高下。

富贵不宜骄横

【原文】

富贵乃命分偶然,岂宜以此骄傲乡曲!若本自贫窭,身致富厚,本自寒素,身致通显,此虽人之所谓贤,亦不可以此取尤于乡曲。若因父祖之遗资而坐享肥浓,因父祖之保任而驯致通显,此何以异于常人!其间有欲以此骄傲乡曲,不亦羞而可怜哉!

【译文】

谁富谁贵,在人生中是极偶然的事,岂能因为富贵了就在乡里作威作福!如果本来贫穷,后来发财致富;本来出身微贱,后来身居高官,这种人虽然被人称为有才能,但也不能因此而在家乡过于招摇。如果因为祖先的遗产而过上富足生活,依靠父亲或祖父的保举而获得高官,这种人又与常人有什么区别?他们中如果有人想借这种富贵高官在乡邻面前炫耀,这种炫耀不仅是令人感到羞愧的,而且是令人感到可怜的。

【评析】

元代郑廷玉有《看钱奴》杂剧。写贫民贾仁因前生不敬天地,不孝父母,毁像谤佛,杀生害命,故受尽饥寒,以给人家挖土拓坯谋生。一日实在难受苦难,便在暗里祷告,说自己如能发财,如何如何斋僧建塔、多做善事。不久掘土之时发现一槽银砖。偷运回家,置起很大家业,但却为富不仁,并用欺骗手段买了周荣祖的儿子。在买周家儿子时,不念人家心酸窘迫,连说谎带骗,仅以一贯钱付周。而这"便买个泥娃娃儿,也买不得。"他看见店里的烧鸭子也要去抓一手油,以便呷着指头吃饭,被狗舔了一个指头便气出病来,临死还交代儿子要借别人的斧子把尸体剁为两段,装在马槽里,以节省棺材与斧子。结果不知银砖原是上天把周荣祖家的借给他用,死后又归周家所有。

这处杂剧虽有佛家因果报应之说,但也是劝人为善的。人生世间如白驹过隙,匆匆数年,富贵无凭,如何能够一朝发迹,便忘却昔年之贫苦而横行乡里。须知道天地间有个理在,日中则移,月盈而亏,居家在官,均应一理相持。

礼不可因人而异

【原文】

世有无知之人,不能一概礼待乡曲。而因人之富贵贫贱设为高下等级。见有资财有官职者则礼恭而心敬。资财愈多,官职愈高,则恭敬又加焉。至视贫者,贱者,则礼傲而心慢,曾不少顾恤。殊不知彼之富贵,非吾之荣,彼之贫贱,非我之辱,何用高下分别如此!长厚有识君子必不然也。

【译文】

世上有一些没见识的人,不能在对待父老乡亲时一视同仁,礼待如一,却根据他人的富贵贫贱划分高下等级,见到有钱有官职的就礼貌恭敬。钱财越多,官职越高,就越是恭敬。而见到贫穷的,地位低下的乡亲,就态度傲慢,心下轻视,很少去关照周济他们。殊不知,别人的富贵并不是自己的荣耀,别人的贫贱也不是自己的耻辱,又何必因他的富贵贫贱而用不同的态度对待!德行深厚,有识有见的人决不会这么做。

【评析】

《三国演义》有两则不以贫贱富贵待人的故事,因为其所用语言文白参杂,雅俗共赏,故不翻译,只摘录如下:却说许攸暗步出营,径投曹操寨,伏路军人拿住,攸曰:"我是曹丞相故友,快与我通报,说南阳许攸来见。"军士忙报入寨中,时操方解衣歇息,闻许攸私奔到寨,大喜,不及穿履,赤足出迎,遥见许攸,抚掌欢笑,携手共入,操先拜于地,攸慌忙扶起曰:"公乃汉相,吾乃布衣,何谦恭如此?"操曰:"公乃操故友,岂敢以名爵相上下乎?"

王粲,字仲宣。粲容貌瘦弱,身材短小。幼时往见中郎蔡邕,时邕高朋满座,闻粲至倒履迎之,宾客皆惊曰:"蔡中郎何独敬此小子耶?"邕曰:"此子有异才,吾不如也。"曹操和蔡邕可谓"长厚有识君子。"

人生贵贱皆天命

【原文】

操履与升沉,自是两途。不可谓操履之正,自宜荣贵,操履不正,自宜困厄。若如此,则孔、颜应为宰辅,而古今宰辅达官,不复小人矣。盖操履自是吾人当行之事,不可以此责效于外物。责效不效,则操履必怠,而所守或变,遂为小人之归矣。今世间多有愚蠢而享富厚,智慧而居贫寒者,皆有一定之分,不可致诘。若知此理,安而处之,岂不省事。

【译文】

品行的好坏与官职的升降,是两回事,并没必然联系。不能说品行端正,就应该享受荣华富贵!也不能说品行不端,就一定遭受厄运,如果那样,孔子、颜回等人就应该当上宰相了。而古往今来的宰相和达官之中就不应有小人了。培养自己的德行自然是我们应该做的事,不能因此而带有什么功利目的,否则,一旦没有达到目的,就必然会放松了在品德方面的修养,使得原本奉行的信念有所改变,从而沦为小人之类。

如今,世间有很多愚蠢的人在享受富贵,而聪明的人却很贫寒,这些都是上苍安排好的,不必深究。如果明白这个道理,泰然处之,岂不省去许多烦恼!

【评析】

袁氏这段话是对封建社会里那些有能力却不能施展,郁郁不得志的知识分子进行的安慰。试想,一个人特别是那些腹有锦绣,才高八斗之士,如何能够没有所图?所图得不到实现,如何能不抱怨?抱怨又无处诉说,只好归于天数。孔子四处奔走,不见用,只得说:"用舍由时,行藏在我。"又叹曰:"道不行,乘桴浮于海。"他看到颜回德行端正精纯而受贫困,子贡疏于学问而发大财,亦是百思不得其解。孟子更是豪杰,他说:"夫不欲治天下,欲治天下,当今豪杰,舍我其谁!"他认为治天下"易如反掌"。但也不得梁惠王用,徘徊留恋于梁卫之间,希望梁惠王反悔后来召他,最终叹息而去。苏轼比孔子开通些,说:"用舍由时,行藏在我,但优游卒岁,且斗樽前。"正应了袁采"安而处之"之说,果然是随遇而安,随缘而处。但却"不省事",受了许多波折。

世事更变本无常

【原文】

世事多更变,乃天理如此。今世人往往见目前稍稍荣盛,以为此生无足虑,不旋踵而破坏者多矣。大抵天序十年一换甲,则世事一变。今不须广论久远,只以乡曲十年前、二十年前比论目前,其成败兴衰何尝有定势!世人无远识,凡见他人兴进及有如意事则怀妒,见他人衰退及有不如意事则讥笑。同居及同乡人最多此患。若知事无定势,则自虑之不暇,何暇妒人笑人哉!

【译文】

世上的事,变化多端,这是客观规律。现在世人往往看到眼前的家业稍有些兴旺,就以为这一辈子的生活都不用发愁了,不知道转眼间,就家破人亡的事情实在是太多了。大抵天干十年遇一甲,世上的事就随着一变。现在不要论说多久以前的事,就说乡里十年前、二十年前的情况与现在比一比,就会发现,成败兴衰是没有定式的。世上的人没有远见,只要见到别人兴旺发达或者有一些顺心遂意的事就心里嫉妒,见到别人家业衰败或有些不顺心就讥讽嘲笑人家。同家族或同乡的人,最容易浸染这种毛病。如果知道凡事没有固定不变的道理,那么,为自己的未来考虑恐怕还来不及,又哪里有时间去嫉妒别人,讥笑别人呢?

【评析】

封建社会人们之间的关系最是势利。俗话说"穷文富武"。大凡读书人,多系贫寒人家的子弟,因为怀着一朝高中,博个封妻荫子的希望,往往苦耐饥寒,死读诗书。虽也有少数人"十年寒窗人不知,一朝高中天下闻",但也是在饱受世人冷眼之后了,所以从读书人身上最能看出世人的无知与世俗。《儒林外史》中描写周进、范进中举前后,反映此种情况最是精绝,范进一事,中学课本选入,大都熟悉。特说周进事。

周进年过六十,却不曾中过学,靠给人家坐馆,挣几两银子过活。

那日众家请先生吃饭,让中过学的梅玖相公作陪。按理该周进坐主位,众人便说:"论年纪也是周先生长,先生请老实些吧,"梅玖却回过头来向众人道:"你众位是不知道,我们学校规矩,老友是从来不同小友序齿的。"原来明朝士大夫称儒学生员叫作"朋友",称童生是"小友"。童生进了学,年龄再小,也称"老友",若是不进学,就到八十岁,也还称"小友"。梅玖就这样公然嘲笑周进。开了席,众人风卷残云,周进却因吃斋而没动筷。梅玖便又想起一个笑话污辱他。说有个学生给做先生的作了一字至七字诗,众人停了箸,听他念诗,他道:"呆,秀才,吃长斋,胡须满腮,经书不揭开,纸笔自己安排,明年不请我自来。"

　　念罢又说道:"像我这周兄如此大才,呆是不呆的了。"又掩着口道:"秀才,指日就是,那吃长斋、胡须满腮竟被他说一个着!"说罢哈哈大笑。众人一齐笑起来。后面又用秋祭,众人脍送胙肉,笑话周进年老而不进学,弄得周进脸上红一块白一块。又开馆后,一位王举人胡说做梦梦见周进的学生荀玫与他同中举人,来奚落周进。不想众乡邻反诬他巴结荀老爹,捏造出这话来奉承他,图他逢时遇节,多送两个盒子。众家都恶了周进,便把他辞了。等到周进中了举人,县上的人,不是亲的也来认亲,不相与的也来认相与,忙了个把月。典史等都拿晚生帖子来拜,众乡邻也忙集敛了分子,买了鸡蛋和米来贺,再不想当年诬陷、嘲笑周进那一码事了。

　　古人说:"三十年河东,三十年河西。"今人说:三年河东,三年河西。则事无定势的话更是可信了。

人生甜苦参半

【原文】

膺高年享富贵之人,必须少壮之时尝尽艰难,受尽辛苦,不曾有自少壮享富贵安逸至老者。早年登科及早年受奏补之人,必于中年龃龉不如意,却于暮年方得荣达。或仕宦无龃龉,必其生事窘薄,忧饥寒,虑婚嫁。若早年宦达,不历艰难辛苦,及承父祖生事之厚,更无不如意者,多不获高寿。造物乘除之理类多如此。其间亦有始终享富贵者,乃是有大福之人,亦千万人中间有之,非可常也。今人往往机心巧谋,皆欲不受辛苦,即享富贵至终身。盖不知此理,而又非理计较,欲其子孙自小安然享大富贵,尤其蔽惑也,终于人力不能胜天。

【译文】

相应地讲,老年享受富贵的人,必当是年轻时吃尽了苦头,历尽了艰辛。从没有从小就享受安逸富贵直到老年,年少时就科举及第或早早被皇帝委任了官职的,在中年时必定会仕途坎坷不平,不能顺心遂意,只是到了晚年才得以荣贵显达。或早年得意,官运亨通,那么其家中生活又一定窘迫拮据,家业微薄,常常为吃穿发愁,为儿女的婚事担忧。如果说年少时就身登显贵,又没品尝生活的艰辛苦难,又继承了父祖的丰厚家业,这种人,大多不会活得很久。造物主安排人的命运时大多如此。生活中间或有一些自小到老始终享受荣华富贵的,这是有大福分的人,千万个人中偶尔才会有一个,实在是极稀罕的。现在的人往往用尽心思,机关算尽,想着不经历劳苦艰辛就至死享受荣华富贵。他们大都不知道这个道理,而且按照这种不合道理的方式计算着,想要自己的子孙从小就能享受大富大贵而无丝毫波折,这就更是不可理喻了。其最终结果是人算不如天算,终究沿着造物主安排的道路发展下去。

【评析】

自古以来,就没有哪个人天生就是享福的,且享福从小至老。也没有哪个人天生就该受苦而贫困一生。自陈涉"王侯将相,宁有种乎?"的疑问发出,人们便不断探求天命与人命的关系。因为诸多的因素,作为思考的主体,古代的知识分子认定,抑或是无可奈何地将之归到一个神秘而莫测的哲学概念"命"上。袁氏这段话便是对于"命"在富贵穷通上的阐释。在今天我们将一个人的机遇归于偶然因素,却也仅是说法不同而已。

姜太公八十垂钓渭水之滨,被文王发现之前可谓历尽艰辛,讨了一个六十多岁的老黄花闺女,还因为砍柴丢掉斧头,卖面翻掉箩筐而被其鄙弃。妻子撒手离他而去,老头只好不做买卖静坐钓鱼。最后助武王夺得殷纣的天下,封为齐太公,后其子嗣齐桓公多次会盟诸侯,威风无比。南唐后主李煜,继承爷爷李璟创下的花花江山,却不思进取,沉湎女色,歌舞通宵达旦,直到国破家亡。可怜"仓皇辞庙日,垂泪对宫娥",只能慨叹"故国不堪回首,月明中"。最后穷困、饥寒,一杯鸩酒结束了生命。

姜子牙,古时大贤能者,尚经历大苦难;李煜,帝王之子,不能长保富贵。何况我们凡人俗子。世间万事万物终是要经历磨难而后美满。

富贵自有定数

【原文】

富贵自有定分。造物者既设为一定之分,又设为不测之机,役使天下之人,朝夕奔趋,老死而不觉。不如是,则人生天地间全然无事,而造化之术穷矣。然奔趋而得者,不过一二;奔趋而不得者,盖千万人。

世人终以一二者之故,至于劳心费力。老死无成者多矣。不知他人奔趋而得,亦其定分中所有者。若定分中所有,虽不奔趋,迟以岁月,亦终必得。故世有高见远识超出造化机关之外,任其自去自来者,其胸中平夷。无忧喜,无怨尤,所谓奔趋及相倾之事未尝萌于意见,则亦何争之有?前辈谓死生贫富生来注定。君子赢得为君子,小人枉了做小人。此言甚切,人自不知耳。

【译文】

人富贵与否是有定数的。造物主既把每个人的命运都注定了,但又留给人一些莫测的变化。这样就驱使着人们为了权势、钱财奔走忙碌,而人到死都不醒悟。反过来说,如果不是为了利益忙碌,那么天下的人就没有什么事可做了,而造物主也没有办法驱使人们去干什么了。可是,人们虽然奔走忙碌,而真正能得到荣华富贵的仅是很少的人;奔走忙碌一生什么也得不到的人却成千上万。然而,世上的人就因为有很少的人争得了富贵,便去劳心费力。至死也没有什么成就的人太多了。殊不知别人成功也是命中早已注定了的。如果命中注定你富贵,即使不奔忙,多等待些时候,你也终究能得到富贵。所以世上有那些见识高、能看破红尘的人,只是任其自然,心中非常平静。没有什么值得他们忧愁和高兴的,也没有什么值得他们去怨尤。为利益而奔忙或与人相互争斗的念头从来就没有在胸中萌生过。像这样,能与人有什么争执呢?前辈的人说:人的生死富贵都是命中注定的。注定你是君子你就肯定能成为君子;命中注定你是小人,你再折腾也还是个小人。这话说得非常正确而又切中了要害,只是人一般都不知道罢了。

【评析】

富贵穷通到底是否命中注定,这是个谁也说不清的问题。然而,即便是冥冥中安排好了一切,人终须去奋斗。除此之外,人又能怎样呢?

人总不能事先到造物主那里去问一问自己有无富贵的命,然后再决定奋斗不奋斗吧。再说,一个人即使再有福气,也得靠自己的奋斗去争取成功,天上掉馅饼的事历来就没有。从今天的观点看,人为事业而奋斗,本身就是一种乐趣,人之奋斗难道只是为了追逐荣华富贵吗?

随遇而安方为福

【原文】

人生世间,自有知识以来,即有忧患如意事。小儿叫号,皆其意有不平。自幼至少至壮至老,如意之事常少,不如意之事常多。虽大富贵之人,天下之所仰羡以为神仙,而其不如意处各自有之,与贫贱人无异,特所忧虑之事异尔。故谓之缺陷世界,以人生世间无足心满意者。能达此理而顺受之,则可少安。

【译文】

人活在世间,自从有了知觉、识见,就有了忧患和不称心的事。小孩子哭闹,都是因为有些事没达到他的要求。从幼儿到少年到壮年再到老年,顺心如意的事少,而不如意的事却常常很多。即使大富大贵的人,虽然天下人都羡慕他,认为他过的是神仙一般的日子。但是,这种人也都有各自的烦恼不称心处,跟平民百姓没什么两样。只不过他所忧虑的事情跟普通人不一样罢了,所以我们把这个世界叫作缺陷世界。人生活在世上没有谁能处处如意、事事美满。能深刻地明白这个道理而在遇到挫折不如意时,安然处之,就能感到心里顺畅一些。

【评析】

白居易初到长安,投名帖干谒当时的诗坛泰斗顾况,顾况一看名字便说:"长安米贵,白居不易。"待看到白居易的诗后立即改口说:"有诗文如此,长安易居矣!"白居易诗名遂传遍长安。他二十八岁时,举进士第。俗语:三十老明经,五十少进士。所以白居易是少年及第,誉满天下了。成进士后,白居易积极做官,为拾遗时,屡次上疏谏,论朝廷大事。又本着"文章合为时而著,诗歌合为事而作"的主张,承袭元结诗要"极帝王理乱之道,系古人规讽之流"的诗歌创作原则,把在长安的平日所闻所见,写成十首《秦中吟》,又写成五十首《新乐府》,讽刺宫廷里和政治上许多不良的现实。他在给元稹的信中说:"凡闻仆人贺雨诗,而众口籍籍,已谓非宜矣。闻仆哭孔戡诗,众面脉脉,尽不悦矣。闻《秦中吟》,则权豪贵近者相目而变色矣。闻乐游园寄足下诗,则执政柄者,扼腕矣。闻《宿紫阁村》诗,则握军要者切齿矣。大率如此,不可举。"元和十年,宰相武元衡被刺死,白居易上书请查究刺客的背景,又得罪了幕后的文武大官。终于被降谪出去做江州司马。在江州白居易说他的生活环境是:"黄芦苦竹绕宅生。"从此不再写讽喻诗。元和十四年冬,白居易被召还京。后虽然出任杭州刺史,却也只作闲适诗与感伤诗,组织乐舞班子教演享乐。任满后,除太子左庶子,分司东都,文宗大和二年,称病归洛阳,求为分司。后七年,绝意仕宦,优游养老,大中元年,以七十五岁高龄卒。

人生世间,即如白居易少年早达之人,仗血气方刚,仗义执言,胸怀天下,至屡遭打击,独受异于常人之煎熬,只得作罢。认同命运,反得享福终死。其身世为悲为喜,世人自评之。

事不可苟成

【原文】

凡人谋事,虽日用至微者,亦须龃龉而难成,或几成而败,既败而复成。然后,其成也永久平宁,无复后患。若偶然易成,后必有不如意者。造物微机不可测度如此,静思之则见此理,可以宽怀。

【译文】

大凡人们要谋划着干一件事,即使是日常生活中最微小的事,也定会发生一些摩擦不如意而难以成功,或者快成了又失败了。经历几番后,才得以成功。然而这样反复以后,得到的成功却能保持永久,平安而又没有后患。如果偶然间有一两种事情很轻易就成功了,那么日后一定会发生一些不如意的事情。大千世界,事物的发展变化简直不可测度。静下心来好好思考一下,就能明白这个道理,对于事物的成功与失败也就能够安然释怀了。

【评析】

唐太宗"十八岁便举兵,年二十四定天下,年二十九升为太子"。其间南征北战,扫除群雄,又与兄建成、弟元吉兄弟相残,争夺皇位登九五。唐太宗登位时,全国经济仍凋破不堪,各地灾害频仍,社会矛盾尚未缓和,民心还不十分安定。如何治理这个国家,医治战争创伤,成为迫切需要解决的问题。唐太宗出生在隋朝的盛世,又经历了隋末的动乱和隋王朝的灭亡,特别是隋亡,在他脑子里留有深刻的影响。

以隋亡为鉴是贞观年间唐太宗与近臣不绝于口的话题。隋王朝是一个十分强盛富庶的统一帝国。其储备的粮食可供五十年之用。隋炀帝继位时,海内殷阜,可是不到十三年,国家便分崩离析,短命而亡,原因是什么呢?唐太宗自己总结说:一是由于隋炀帝"广治宫室,以肆行幸",所造离宫别馆,自长安至洛阳,乃至并州、涿郡,"相望道次,遍布各地"。二是美女珍玩,征求无已。唐初平长安,李世民见隋宫中"美女珍玩,无院不满",可见隋炀帝贪心不足,欲壑难填。三是"东西征讨,穷兵黩武"。总之隋炀帝恃其富强,不顾后患,徭役无时,干戈不停,使百姓无法生活。激起反抗,终至"身戮国灭",为天下所笑。这一切是唐太宗"耳所闻,目所见"的亲身经历。因此他"深以自戒。"他从隋王的教训中,还深刻地认识到,封建王朝的气数长短,虽然取决于天命,然而"福善祸淫,亦由人事。"也许是自己为唐二世皇帝的缘故,唐太宗对与隋亡有相同特点的秦亡的历史也十分感兴趣,认为秦虽"平六国，据有四海"，但"恣其奢淫，好行刑罚"，结果也是"二世而灭"。他因此得出结论说："为善者福祚延长，为恶者降年不永（传位不长）"。唐太宗进一步认识了广大农民群众的威力。他说："可爱非君，可畏非天子者，有道则人推为主，无道则人弃而不用。诚可畏也。"对于魏征所说："君，舟也；人，水也。水能载舟，亦能覆舟。"太宗深以为然。又与大臣一起讨论"君道"，他说："君依于国，国依于民。刻民以奉君，犹割肉以充腹，腹饱而身毙，君富而国亡。故人君之患，不自外来，常由身出。夫欲盛则费广，费广则赋重，赋重则民愁，民愁则国危，国危则君丧。"又说："夫治国犹如栽树，本根不摇，则枝叶茂荣。"因此他指出："为君之道，必先存百姓，若安天下，必先正其身。"存百姓，就是必须让百姓能够安居乐业。正其身，就是君主必须"抑情损欲，克己自励"，克制自己过分的奢侈欲望，不因自己的一时冲动而损害农时，折腾百姓。也就是"君无为则人乐，君多欲则人苦"。从而在君臣间形成了"清净无为"的统治思想。唐太宗以其雄才大略和成熟的政治家魄力，废酷刑，推广均田制度，改革政治制度，从谏如流，知人善任，广开才路，可以说是达到了一个封建帝王的最高标准。从而为自己的李氏子孙奠下了百年基业，造福了百姓，亦为万世帝王立下楷模。至如今，其有些作法与思想还值得借鉴，其传闻轶事使百姓千百年来津津乐道。

从唐太宗身上我们也可看到隋炀帝的形象，他不知创业难艰，继承父位后，面对那么富强的帝国，一味享乐奢华，知道可能灭亡而不思进取。反曰："好头颅，谁来砍？"从以上二位二世皇帝身上，我们可以发现，袁氏之言非谬也。

先天不足，后天补之

【原文】

人之德性出于天资者，各有所偏。君子知其有所偏，故以其所习为而补之，则为全德之人。常人不自知其偏，以其所偏而直情径行，故多失。《书》言九德，所谓宽、柔、愿、乱、扰、直、简、刚、强者，天资也；所谓栗、立、恭、敬、毅、温、廉、塞、义者，习为也。此圣贤之所以为圣贤也。后世有以性急而佩韦、性缓而佩弦者，亦近此类。虽然，己之所谓偏者，苦不自觉，须询之他人乃知。

【译文】

人的品德、性格从生下来就各有各的缺陷。有学问、修养的人知道自己的不足之处，所以用加强学习的办法来弥补，于是就变成了一个具有完美品德的人了。普通的人不知道自己的不足之处，而被这种不足支配着任意作为，率性行事，所以造成许多过失。《尚书》中说有九种德性，即"宽、柔、愿、乱、扰、直、简、刚、强"。这些是天生的；而"栗、立、恭、敬、毅、温、廉、塞、义"，这些是通过学习而养成的。这就是圣贤之所以能成为圣贤而凭借的东西。后世有一些有性急毛病的人，就佩带柔软的皮革，有性缓毛病的则佩带紧绷的弓箭，也是出于这种原因。即使这样，自己的不足之处，也常常因自己无法知道而苦不堪言，必须向他人请教才能知道。

【评析】

《论语·选讲》第二十二是这样说的：子路问："闻斯行诸？"子曰："闻斯行之。"公西华曰："由也问闻斯行诸，子曰有父兄在；求也问闻斯行诸，子曰闻斯行之。赤也惑敢问。"子曰："求也退，故进之；由也谦人，故退之。"

子曰的原因翻译成白话就是：冉求做事总是退缩向后，所以我要鼓励他上前；仲由呢，他胆子大，敢作敢为，所以我要压压他。

《史记·项羽本纪》中有一段：项王、项伯东向坐，亚父南向坐。亚父者范增也。沛公北向坐，张良西向侍。范增数目项王，举所佩玉玦以示之者三，项王默然不应。范增起，出召项庄，谓曰："君王为人不忍，若入前为寿，寿毕，请以剑舞，因击沛公于座，杀之。不者，若属皆且为所虏。"项王则受璧，置之坐上。亚父受玉斗。置之地拔剑撞而破之，曰："唉！竖子不足与谋，夺项王天下者，必沛公也，吾属今为之虏矣！"

孔子压子路而子路终不改其性。亚父举玉玦，项王终默然不决。人之天性可尽改乎？虽然如此，君子自当勉力而行。

人各有所长

【原文】

人之性行虽有所短,必有所长。与人交游,若常见其短,而不见其长,则时日不可同处;若常念其长,而不顾其短,虽终身与之交游可也。

【译文】

人的性格、品行中虽然有短处,也一定有长处。与人交往,如果经常注意别人的短处,而无视别人的长处,那么,就连一刻也难以与人相处。相反的,如果常想着别人的长处,而不去计较他的短处,就是一辈子相交下去也能和睦。

【评析】

管仲小时候常常跟鲍叔牙一块游玩,鲍叔知道管仲有才能。管仲家里穷,常常欺瞒鲍叔,鲍叔始终待管仲很好,不因此而产生龃龉。以后鲍叔投了齐公子小白,管仲投了公子纠。等到小白成了国君桓公,公子纠被杀死,管仲成了阶下囚。鲍叔便推荐管仲给桓公。桓公任用了管仲,让他当宰相。在他的帮助下,齐桓公成为霸主,九合诸侯,一匡天下。

管仲深深地感激鲍叔说:"我家里贫穷时,曾与鲍叔一同做买卖,分钱财利润时常多给自己分,鲍叔不因此而说我贪,知道我家穷。我曾与鲍叔谋划着发财,却因此而更穷,鲍叔不认为我愚笨,知道天时有有利与不利之分。我曾经三次做官又三次被人驱逐,鲍叔不认为我不好,知道我不遇时。我曾在三次战斗中,三次逃走,鲍叔不认为我胆小怯懦,知道我顾念老母亲。公子纠夺位失败后,召忽战死了,我却甘受幽囚的侮辱而偷生,鲍叔不认为我无廉耻之心,知道我不掬小节而感到羞愧,却以不能建功立业名扬天下为耻辱。生我的是父母,了解我的是鲍子啊!"天下之人不因管仲有才能而更多地赞美他,却因鲍叔能知人而大加颂扬。老子说:寸有所长,尺有所短。孔子说:金无赤金,人无完人,俗语说:智者千虑,终有一失;愚者千虑,终有一得。平原君卒赖鸡鸣狗盗之徒得过城门,又赖弹铗者,为营三窟而得高枕无忧。由此观袁氏这段文字,虽无特大新意,终是处己之必备修养。

待人不可轻慢嫉妒

【原文】

处己接物,而常怀慢心、伪心、妒心、疑心者,皆自取轻辱于人,盛德君子所不为也。慢心之人自不如人,而好轻薄人。见敌己以下之人,及有求于我者,面前既不加礼,背后又窃讥笑。若能回省其身,则愧汗浃背矣。伪心之人言语委曲,若甚相厚,而中心乃大不然。一时之间人所信慕,用之再三则踪迹露见,为人所唾去矣。妒心之人常欲我之高出于人,故闻有称道人之美者,则忿然不平,以为不然;闻人有不如人者,则欣然笑快,此何加损于人,只厚怨耳。疑心之人,人之出言,未尝有心,而反复思绎曰:"此讥我何事?此笑我何事?"则与人缔怨,常萌于此。贤者闻人讥笑,若不闻焉,此岂不省事!

【译文】

待人接物时,如果总是怀着傲慢、虚伪、嫉妒、怀疑之心,那么这是自己向人讨取轻蔑与侮辱。品德高尚的君子是不会这么干的。有傲慢之心的人,自己明明不如人,却喜欢轻薄别人。见到地位低于自己,以及有求于己的人,不仅当面不以礼相待,并且在背后暗地里讥笑人家。这种人如果能反省一下自身,则可能会惭愧得汗流浃背。怀有虚伪之心的人,言语十分委婉动听,好像对待别人很厚道,可心里则大相径庭。这种人可能一时之间还被人相信仰慕,可是与他打上二三次交道,他的真面目就暴露无遗了。最终被人唾弃。怀有嫉妒之心的人常常想把自己放于高出别人的地位,所以听到有赞美别人什么什么好时,就忿忿然觉得不平,以为这种赞美是错误的;听到别人有什么地方不如人,有缺陷,就感到欣慰,从心底发笑。其实这种行为对别人又有什么损害,只不过徒增别人对你的怨恨而已。怀有疑心的人,人们说的话,可能是随口说说,他却反反复复地想:"这到底在讥讽我什么事?那又到底在嘲笑我什么事?"这种人与人结怨,往往就是从此开始的。贤明的人听到别人对自己的讥讽嘲笑,就像没听见一般,如此不是省却了许多烦恼事!

【评析】

人说《三国演义》是一部奇书。即以合于情理来说,也不算错。如怀慢心之孙权失庞统,怀疑心之曹操杀伯奢,怀伪心之刘备摔阿斗,而怀妒心之袁术、周瑜均各为天下人所笑。此处单说怀妒心之袁术、周瑜以戒后尤。

当日董卓专权杀了汉灵帝,群雄孟津集会共推袁绍为盟主,誓伐董卓。

袁绍命弟袁术总督粮草,应付诸营,无使有缺。使孙坚为先锋,直抵汜水挑战。孙坚带程普、韩当、董盖、祖茂四人杀华雄副将胡轸,报捷袁绍,就于袁术处催粮。或有人劝袁术说:"孙坚乃江东猛虎,若打破洛阳,杀了董卓,正是除狼而得虎也。今不与军粮,彼军心散。"袁术听罢,心内活动盘算,随听从之。致令孙坚脱帻,狼狈而逃,又损一大将祖茂。

周瑜用计骗蒋干后,对鲁肃说:"吾料诸将不知此计,独有诸葛亮识见胜我,想此谋亦不能瞒也。子敬试以言挑之,看他知也不知,便当回报。"谁知孔明竟一语道破,并嘱曰:"望子敬在公瑾面前勿言亮知此事。"鲁肃回去,把上述事实说了,周瑜大惊曰:"此人决不可留,吾决意斩之!"肃劝说恐怕惹曹操笑话。瑜曰:"吾自有公道斩之,教他死而无怨。"于是生出草船借箭的故事。事后孔明对鲁肃说:"公瑾教我十日完办,工匠料物,都不应手,将一件风流罪过,明白要杀我。我命系于天,公瑾焉能害我哉!"周瑜慨叹曰:"孔明神机妙算,吾不如也。"不得不服。然而后面又数次想要杀害孔明。

周瑜用黄盖苦肉计、阚泽投诈书,又令庞士元献连环计,可谓火攻曹操一事,万事俱备。他心中踌躇满志。不料一阵风过,刮起旗角于他脸上拂过,瑜猛然想起一事在心,欲用火攻,必须借助风势,此时隆冬只刮西北风,哪有东南风?那时火不但不烧曹营,反烧孙营。大叫一声,往后边倒,口吐鲜血,不省人事。孔明探病时周瑜说:人有旦夕祸福,难保无虞。孔明答:"天有不测风云。"道破周瑜心事。周瑜遂请孔明借东南风。十一月二十日夜三更,风声响动,旗幡转动,周瑜出帐看时,旗脚竟飘西北,霎时间东南风大起,周瑜骇然曰:"此人有夺天地造化之法,鬼神不测之术!若留此人,乃东吴祸根也,乃早杀却,免生他日之忧。"遂令丁奉、徐盛二将带人到南屏山七星坛前,休问长短,拿住诸葛亮便行斩首,将首级请功。如非孔明识人高明,便以有功之身做了刀下冤鬼了。周瑜说:"此人如此多谋,使我晓夜不安矣!"后来周瑜进兵西川,讨女婿,取荆州,件件事都落诸葛亮之后。剑疮复裂,仰天长叹"既生瑜,何生亮。"连叫数声而亡,年仅三十六岁。连鲁肃都不得不说:"孔明自是多情,乃公瑾量窄,自取死耳。"

忠信笃敬，圣人之术

【原文】

言忠信，行笃敬，乃圣人教人取重于乡曲之术。盖财物交加，不损人而益己，患难之际，不妨人而利己，所谓忠也。不所许诺，纤毫必偿，有所期约，时刻不易，所谓信也。处事近厚，处心诚实，所谓笃也。礼貌卑下，言辞谦恭，所谓敬也。若能行此，非惟取重于乡曲，则亦无入而不自得。然敬之一事，于己无损，世人颇能行之，而矫饰假伪，其中心则轻薄，是能敬而不能笃者，君子指为谀佞，乡人久亦不归重也。

【译文】

言论讲究忠信，行动奉行笃敬，这种原则是圣人教人们如何获得乡里人们敬重的方法。不外乎在财物方面，不干损人利己的事；在关键时刻，不干妨碍别人而方便自己的事。这就是人们所说的"忠"。一旦许诺言给人，就是一丝一毫的小事，也一定要有结果；一旦定期有约，就是一时一刻也不耽误，这就是人们所说的"信"。待人接物热情厚道，内心诚实敦厚，这就是人们所说的"笃"。礼貌谨慎，言辞谦逊，这就是人们所说的"敬"。如果能够"言忠信，行笃敬"，不仅能得到乡亲的敬重，就是干任何事都能顺利。然而恭敬待人一事，因为对自己毫无损失，世人还能做到。可是如果不能表里如一，表面上待人很好，心中却轻视鄙薄，这就成了能"敬"而不能"笃"了，君子就会把他称为谄佞小人。乡亲们久而久之也不会再敬重他。

【评析】

周瑜死后，鲁肃继任都督，总统兵马，鲁肃对孙权说："肃碌碌庸才，误蒙公瑾重荐，其实不称所职。愿举一人以助主公。此人上通天文，下晓地理；谋略不减于管、乐，枢机可并于孙、吴。往日周公谨多用其言，孔明亦深服其智，现在海南，何不重用？"权闻言大喜，便问此人姓名。肃曰："此人乃襄阳人，姓庞名统，字士元，道号凤雏先生。"

权曰："孤亦闻其名久矣。今既在此，即可请来相见。"于是鲁肃邀请庞统入见孙权。施礼毕，权见其人浓眉掀鼻，黑面短髯，形容古怪，心中不喜，乃问曰："公平生所学，以何为主？"统曰："不必拘执，随机应变。"权曰："公之才学，比公瑾如何？"统笑曰："某之所学，与公瑾大不相同。"权平生最喜周瑜，见统轻之，心中愈不乐，乃谓统曰："公且退，待有用公之时，却来相请。"统长叹一声而出。鲁肃曰："主公何不用庞士元？"权曰："狂士也，用之何益！"肃曰："赤壁鏖兵之时，此人曾献连环策，成第一功。主公想必知之。"权曰："此时乃曹操自欲钉船，未必此人之功也。吾誓不用之。"鲁肃出谓庞统曰："非肃不荐足下，奈吴侯不肯用公，公且耐心。"统低头长叹不语。肃曰："公莫非无意于吴中乎？"统不答。肃曰："公抱匡济之才，无往不利？可实对肃言，将欲何往？"统曰："吾欲投曹操去也。"肃曰："此明珠暗投矣。可往荆州投刘皇叔，必然重用。"统曰："统意实欲如此，前言戏耳。"肃乃荐书刘备。

门吏传报："江南名士庞统，特来相投。"玄德久闻统名，便教请入相见。统见玄德，长揖不拜。玄德见统貌陋，心中亦不悦，乃向统曰："足下远来不易？"统不拿出鲁肃、孔明书投呈，但答曰："闻皇叔招贤纳士，特来相投。"玄德曰："荆楚稍稍定，苦无闲职；此去东北一百三十里，有一县名耒阳县，缺一县宰，屈公任之。如后有缺，却当重用。"统思："玄德待我何薄！"欲以才学动之，见孔明不在，只得勉强相辞而去。统到耒阳县，不理政事，终日饮酒为乐！一应钱粮诉讼，并不理会。有人报知玄德，言统将耒阳县事尽废。玄德怒曰："竖儒焉敢乱吾法度！"遂唤张飞，引众人去荆南诸县巡视。若不是庞统稍展才学，张飞叹服，玄德只能与大贤失之交臂了。

辛弃疾说：生子当如孙仲谋。是说孙仲谋年少即领江东，乃一世英雄。诸葛亮言刘皇叔仁义著于四海，是说刘玄德心怀仁德，乃人中龙凤。然而俱以貌取士，虚有其表，空著其名，反不如鲁肃、孔明知人容人。

鲁肃荐书说：庞士元非百里之才。如以貌取人，恐负所学，终为他人所用。孔明说：大贤若处小任，往往以酒糊涂，倦于视事。孙权、刘备当是袁采所说"敬而不能笃者"。

严律己宽待人

【原文】

忠、信、笃、敬,先存其在己者,然后望其在人。如在己者未尽,而以责人,人亦以此责我矣。今世之人能自省其忠、信、笃、敬者盖寡,能责人以忠、信、笃、敬者皆然也。虽然,在我者既尽,在人者也不必深责。今有人能尽其在我者固善矣,乃欲责人之似己,一或不满吾意,则疾之已甚,亦非有容德者,只益贻怨于人耳!

【译文】

忠诚、有信、厚道、恭敬,这些品德先要自身具备,然后才可能希望别人具有。如果自己在待人接物时,还没有完全达到这些要求,却以此来苛求别人,别人便也会以此来责怪你了。现在,能自我反省是否做到了待人忠诚、有信、厚道、恭敬的人,是很少的,而以之来要求别人的却比比皆是。其实,即使自己在待人接物时做到了这些,也不必要求别人一定做到。现在有的人能够在待人接物时,做到这些,确实是不错的。可是他想要别人也都像他一样,一时不称他的心,就狠狠地责备人家。这种人决非有容人之德的人,是很容易与人结怨的。

【评析】

《论语·子张篇十九》说:子夏之门人文交于子张。子张曰:"子夏云何?"对曰:"子夏曰:'可者与之,其不可者拒之。'"子张曰:"异乎吾所闻:君子尊贤而容众,嘉善而矜不能。我之大贤与,于人何所不容?我之不贤与,人将拒我,如之何其拒人也?"

意思是说:我如果是大贤人,则什么人我都能与他相交并影响他。我如果不贤,别人就会自动远离我,又说什么我不与他交往的话。如果我们把这层意思与袁氏这段话勾通起来,则是:如果我在待人接物上能够坚持忠诚、有信、厚道、恭敬,那么别人在待我上也会如此对我,即使不能如此,我也受之泰然,无怨无悔,他终究会被我影响过来。如果我自己也达不到此种要求,别人自不会如此对我,我又有何话说。

曹操攻下下邳城后,提过擒获的一干兵将。吕布虽长得高大,却被绳索捆成了一团。他急得叫喊:"绑得太紧了,松一点吧!"曹操说:"绑虎不能不绑紧点。"吕布见到昔日部将侯成、魏续、宋宪都站在旁边,便对他们说:"我对待你们不薄,你们怎么忍心背叛我?"宋宪回答说:"只听妻子和爱妾的话,却不听将士的意见,怎能说不薄?"吕布哑口无言。等曹操送陈宫下楼时,吕布哀求刘备说:"你现在是座上客,我是阶下囚,为什么不说句好话,将我从宽发落?"刘备点点头。曹操上楼后,吕布急喊说:"曹公担心的,不就是吕布我吗?我现在服了,你当大将,我当副将,天下不难定。"曹操回头问刘备说:"怎么办?"刘备说:"你没看到丁建阳、董卓的例子吗?"吕布盯着刘备骂道:"这小子最不讲信誉!"曹操命令吊死吕布,吕布仍回头骂说:"大耳朵,不记得辕门射戟我救你吗。"原来,吕布先前为丁建阳的义子,受丁建阳大恩,一同讨伐董卓。后来被董卓用金银珠宝和赤兔马收买,于阵前杀了丁建阳,投了董卓,又被其收为义子。王允用美人貂蝉为计又使吕布反戈一击,杀了董卓,故而刘备说丁建阳、董卓之事,无疑使曹操下了杀吕布的决心,后人有诗论玄德说:伤人饿虎缚休宽,董卓丁原血未干。玄德既知能啖父,争如留取曹阿瞒?似乎嫌玄德落井下石过早,不如留下吕布日后杀曹操,而无一丝责怪刘备忘却吕布恩情的意思。除去作者的拥刘为正统思想作怪外,吕布确是出尔反尔、不忠不信、无笃无敬之徒。不得人心,却是正经原因。

做事须问心无愧

【原文】

今人有为不善之事,幸其人之不见不闻,安然自得,无所畏忌。殊不知人之耳目可掩,神之聪明不可掩。凡吾之处事,心以为可,心以为是,人虽不知,神已知之矣。吾之处事,心以为不可,心以为非,人虽不知,神已知之矣。吾心即神,神即祸福,心不可欺,神亦不可欺。《诗》曰:"神之格思,不可度思,矧可射思。"释者以谓"吾心以为神之至也",尚不可得而窥测,况不信其神之在左右,而以厌射之心处之,则亦何所不至哉?

【译文】

现在有人干了坏事,庆幸自己没被人发现,便洋洋自得,心安理得,无所顾忌。殊不知别人的耳目可以掩蔽,神的耳目却难逃脱。但凡我们做事,心里认为可以,心里认为正确,别人虽然不知道,神明已经知道了。我们做事,心里认为不可,心里认为不对,别人虽然不知道,神明已经知道了。我们的心就是神明,神明就是祸福,自己的心骗不了,神明也骗不了。《诗经》上说:"神明的思路,我们想不通,又怎能反对呢?"佛教徒说:"我的心能感觉到神明的到来!"对此,我们尚且不能探究明白,何况那些不相信神明就在自己身边的人,用厌恶的心对待它,那么他们又有什么事做不出来呢?

【评析】

袁氏此段话虽然用不可捉摸,甚至不能确定是否存在的神明来论述人应正直而行,不为恶举,显得说服力不够强大,但其道理是真理。一个人干了坏事,却安然自得,无所畏忌。他沉沦下去,殊不可惜,但其影响之恶劣却是无法估计的,所以必须要使他"中有所慊,动辄知畏"。我们平时说"问问自己的良心",就是要他们自我觉醒,自己觉得惭愧。干了坏事却以为掩了人家耳目,人不见不闻。这不过是自欺欺人,掩耳盗铃罢了。岂不闻"天网恢恢,疏而不漏""要想人不知,除非己莫为"的古训与俗谚?

汉代的杨震做了荆州刺史和东莱郡太守。他到东莱郡上任时,途经昌邑县。他过去在荆州时推荐为秀才的王密,正在昌邑县做县令。得知杨震经过昌邑,就到杨震的住处拜见他。到了夜里,王密拿出十斤黄金要送给杨震,杨震说:"老朋友了解你,你不了解老朋友,你这是干什么呢?"王密说:

"现在是深夜,没人知道。"杨震说:"天知道,神知道,你知道,我知道,怎么说没人知道呢?"王密惭愧而去。

  杨震的话真是掷地有声。欲掩耳盗铃,自作聪明的人,确实应该好好反省一下。

神灵不佑为恶者

【原文】

人为善事而无遂,祷之于神,求其阴助,虽未见效,言之亦无愧。至于为恶而未遂,亦祷之于神,求其阴助,岂非欺罔!如谋为盗贼而祷之于神,争讼无理而祷之于神,使神果从其言而幸中,此乃贻怒于神,开其祸端耳。

【译文】

人做好事时不能成功,向神祷告,请求神暗中帮助,即使没有收到成效,说起来也没有什么可羞愧的。至于干坏事不能成功,也向神祷告,请求神暗中帮助,这不是荒诞至极!如果想去偷盗而祈求神的保佑,打些无理官司而祈求神的保佑,假使神果真听从你的请求而帮你成功了,这便是惹怒神明,自求麻烦了。

【评析】

有一少年,少时即上山跟一有道行的法师学习法术。法师因为他心性未完全净化,故而只传给他些穿墙越壁等的小法术。少年习得几年,一来觉得自己已有成就,二来耐不得山上寂寞清贫,便决意下山,一闯江湖。法师苦留不住,只得允诺,只是戒他不得用法术行不善之事。少年下山心切,如何听得真切,胡乱应了,便回转故里。

乡人邻居,闻得他学成回家,纷纷前来探视。听得他学得了许多本事,便要他演示一番。初时他还推脱,但少年心性,那里耐得住众人几次三番的请求,遂敛性屏气,口里一声喝,身子平地拔起丈余,又斜斜飘飞。登屋过厦如无碍障。收身回来,众人哄然喝彩。少年心里虽觉不似在山上时身子灵便,却在众声赞扬中哪里肯深究?

几日后,街上泼皮无赖,便你请我邀,日日喝酒耍,结为朋友。

日子久了,泼皮们便劝他:你看你的爹娘,不跟别人一样,为何就受许多苦,恁贫寒,吃不饱穿不暖,那些公子爷们,不跟咱一样净身到世,缘何就肥肉轻裘?少年说动了心思,遂瞧定一家财主,当夜去偷窃。不想携了银两出来,竟觉过少,反正只为一次,缘何不多拿些?复入进去,不想此次法术不灵,出来撞倒在高墙之下。狗叫声起,家人仆从俱赶来,擒了到官。少年身系囚牢,猛然想起法师临别说不可以法术为不善之事的话,痛哭流涕,然已悔之晚矣!

世上之人,多有类似少年者,当以此少年为戒。

公平正直不可恃

【原文】

凡人行己公平正直者,可用此以事神,而不可恃此以慢神;可用此以事人,而不可恃此以傲人。虽孔子亦以敬鬼神、事大夫、畏大人为言,况下此者哉!彼有行己不当理者,中有所慊,动辄知畏,犹能避远灾祸,以保其身。至于君子而偶罹于灾祸者,多由自负以召致之耳。

【译文】

人自己行为公平正直的,可以以此来侍奉神,而不能依仗此来怠慢神。可以用此来对待人,而不能依仗此来轻慢人。即使孔子也敬畏鬼神,侍奉大夫,顺从圣人,何况庶民百姓呢!自己行事没有道理时,心中应有所畏惧,这样才能躲避过灾祸,保全自身。至于君子有时也会遇到一些灾难,多半是他过于自负所引起的。

【评析】

《左传·僖公五年·宫之奇谏假道》有一段关于神的辩论,摘录如下:公曰:"吾享祀丰洁,神必据我?"(宫之奇)对曰:"臣闻之,鬼神非人实亲,唯德是依,故《周书》曰:'皇天无亲,唯德是辅。'又曰:'黍稷非馨,明德惟馨。'又曰'民不易物,惟德系物。'如是,则非德民不和;神不享矣。神所凭依,将在德矣。若晋取虞,而明德以荐馨香,神其吐之乎?"

这段话是晋侯要假道于虞,伐灭虢国时,宫之奇怕晋侯回师灭虞而劝虞公不借道时说的。意思是神祇保佑那些有德的人,而不是随便亲近人的。神所享用的祭物也只有德人的才觉馨香,人民也只选有德的人归附。这是对国家这种大命运、大事物、大气候而言的,与袁氏的"处己"可谓相辅相成。

至如屈原等公平正直之士而偶罹灾祸者,则只能说是其太过自负,不善周旋所致了。

知耻近乎勇

【原文】

人之处事,能常悔往事之非,常悔前言之失,常悔往年之未有知识,其贤德之进,所谓长日加益,而人不自知也。古人谓行年六十,而知五十九之非者,可不勉哉!

【译文】

生存于世间的人,能常常对自己做错的往事悔恨不已,对过去说错的话后悔不已,对过去的无知感到羞愧不已,那么他在品德方面就有了日益的长进,对这种日渐的进步,人们往往自己认识不到。古人称年纪到了六十岁,就应该知道五十九的过错,难道我们不能以此自勉吗?

【评析】

每个人都会犯错误,即便是圣人也同样不可避免。古人云:"千里马也有失蹄的时候。"犯错误并不可怕,可怕的是犯了错误之后,仍不自知,或者是知道自己错了,却毫无悔意。知错后面带愧色且能改进,恐怕是一种难能可贵的品质。

历史上有名的廉颇、蔺相如的放事,引得无数英雄感叹唏嘘。廉颇是赵国有名的将帅,在赵国有攻城野战之功,立下了赫赫功勋。并以英勇善战的英雄气概见闻于诸侯之中。蔺相如是赵宦者令缪贤舍人。赵惠文王时,赵得楚和氏璧。秦王听说后,派人给赵王书,说愿意用十五城交换和氏璧。赵王与大将军廉颇等商议,认为给了和氏璧,十五城恐怕也不会得到;不给的话,又怕秦兵攻打过来。在这危急关头,有人举荐了蔺相如。相如于是捧着和氏璧西入秦去见秦召王。蔺相如面对秦王临危不惧,看到秦王毫无交换和氏璧之意,于是假借璧上有瑕,指点于秦王,秦王信以为真。相如接过璧玉之后威胁秦王,要与玉一同毁灭。秦王无奈,答应给赵十五城,但只是佯称。相如派人从小路把璧送回赵国。这就是"完璧归赵"。秦王按相如的意思斋戒五日之后,璧玉早已送回赵国,怒火中烧却无由发泄,杀相如璧更不能得到,最后按外交礼仪在朝廷上召见相如,礼毕相如归国。后来"渑池之会",相如更为赵王争回了脸面,遂拜他为上卿,其地位在廉颇之上。廉颇心想,我为赵国立下汗马功劳,相如只以口舌之劳而位居我上,况且蔺相如一直是个地位低下之人,位在他之下,我感到羞耻。并发誓见到蔺相如之后一定要当面侮辱他。相如听到此言之后,一直躲避廉颇,并以装病为由不上朝。他的手下对他说,我们以前是爱慕您的高义才离别亲人投奔而来,不想您却是那样害怕廉颇,普通人都感到羞耻,基于此,原谅我们的不肖,我们要辞去。相如终于说出实话:"强秦之所以不敢对赵用兵,是由于我俩在,现在如若两虎争斗,原来的势力就不存在了,我之所以这样做是以国家为重,而以私仇为轻啊。"廉颇闻之,亲自登门"负荆请罪",二人结为刎颈之交。

　　廉颇自知失礼,且能登门谢罪,是自勉的结果。我们平常之人,应从前人的言行中学习到更多的东西。

为恶必遭天谴

【原文】

凡人为不善事而不成,正不须怨天尤人,此乃天之所爱,终无后患。如见他人为不善事常称意者,不须多羡,此乃天之所弃。待其积恶深厚,从而殄灭之。不在其身,则在其子孙。姑少待之,当自见也。

【译文】

一个人如果做坏事而不成功,正不该怨天尤人,这是上天对这个人的厚爱,上天使他最终没有遭来祸患。如果看见他人做坏事做得称心如意,心满意足,也不应该产生羡慕之心,这正是上天对他已经厌弃的结果。等到他积累的坏事既深且厚之时,从而一举歼灭。不在他自己身上体现,也会延及子孙后代,使子孙们得到报应。姑且等待一段时间,自然会看到这一点。

【评析】

我们没有理由相信因果报应,做了坏事,自身受到惩罚,同时延及子孙;做了好事,也同样使子孙兴旺发达。但我们坚信,人不能做坏事,否则,他的心理会因极度的自责而失衡,从而导致毁灭。

武安侯田蚡以"莫须有"的罪名杀害了窦婴和灌夫之后,那年春天,得了一场大病。派那些能看见鬼神的巫者察看,见灌夫等共同守在武安侯身旁,等待时机,想要杀死他。不久武安侯便命归黄泉,害人又害己,最终也没有一个好下场。

王熙凤在贾府使权弄性,干了不少坏事,尤其是狠心地害死了尤二姐。当她临终之际,只求速死,邪魔悉至,只见尤二姐从房后走来,渐近床前说:"姐姐,许久的不见了,做妹妹的想念得很,要见不能,如今好容易进来见见姐姐。姐姐的心机也用尽了,咱们的二爷糊涂,也不领姐姐的情,反倒怨姐姐做事过于苛刻,把他的前程去了,叫他如今见不得人,我替姐姐气不平。"凤姐恍惚说道:"我如今也后悔我的心忒窄了,妹妹不念旧恶,还来见我。"凤姐一时苏醒,想起尤二姐已死,必是她来索命。临死之前,凤姐似乎明白了自己机关算尽,到头来仍然是一无所有。可以看出,她为自己的所作所为开始忏悔了,死前的不坦然证明了她在做了坏事之后,心理也是不踏实的。愧疚之情吞噬着她的灵魂,纵然是躺进坟墓,也是战战兢兢,如临深渊,如履薄冰。

麦克白在和妻子密谋杀害了邓肯王之后，良心的谴责使夫妻俩近乎精神失常。妻子不停地要求洗手，似乎想洗去所有的罪恶，但可能吗？

杀人是要偿命的，即使官府没有证据，自己也不会放过自己，而人最难战胜的往往就是他自己。

善恶自有报应

【原文】

人有所为不善,身遭刑戮,而其子孙昌盛者,人多怪之,以为天理不误。殊不知此人之家,其积善多,积恶少,少不胜多,故其为恶之人身受其报,不妨福祚延及后人。若作恶多而享寿富安乐,必其前人之遗泽将竭,天不爱惜,恣其恶深,使之大坏也。

【译文】

有的人做了坏事,自身遭到刑法杀戮,而他的子孙却极为兴旺发达,人们往往会产生奇怪的感觉,以为天道有失误。殊不知这种人家里,祖宗上辈积累的善行较多,造孽较少,善行多于恶行,所以其中作恶的人自身受到报应就够了,不妨碍积善带来的福分延及子孙后代。如果做了很多恶事之后依然享受富厚安乐的生活,一定是这个人祖上遗留下来的福泽快枯竭了,上天也不再爱护怜惜他,纵容他,使他的恶事越积越多,以至深厚,让他彻底耗尽家族福分后,上天自会收拾他。

【评析】

佛家用因果报应,生死轮回来劝人们向善。在我国漫长的封建社会里,自东晋佛学中国化之后,人民感受到至深的苦痛,无由倾诉,也很难找到使他们受害的根源,便极为相信佛家的因果报应说,期望在佛家那里为自己痛苦的人生找到解脱的答案。所以,在中国百姓的意识里,善恶报应观是根深蒂固的,绝望的百姓们在这个观念面前俯首帖耳,五体投地。然而,并不排除其中的一些人开始大胆怀疑,为之呐喊呼吁。

窦娥是一个贫穷的良家妇女,父亲窦天章要进京赶考,没有路费盘缠,就把窦娥卖给了蔡婆婆当童养媳。好不容易熬到过门的年龄,婚后不久,丈夫偏又生病去世。她小小年纪,成了活寡。然而,窦娥并没有吵嚷着另嫁他人,只守着婆婆安稳度日。一日,蔡婆婆去向外人讨债,强盗半路打劫,差点儿将蔡婆婆勒死,恰巧张驴儿父子路过才得以生还。没想到无意中透露出在家守寡的儿媳之后,张驴儿父子趁机威胁蔡婆婆,要一一对应,两家人合在一起过。蔡婆婆无奈,只得将张驴儿父子带回家中。那窦娥誓死不从,暗中怪怨婆婆说话口没遮拦。张驴儿父子见窦娥态度坚决,忽起歹心,羊肚儿汤里放了毒药想毒死蔡婆婆,以此诬告窦娥杀人,并想趁机威胁窦娥就犯。

没想到毒死的竟是张驴儿。这下张驴儿的儿子买通官府,诬告了窦娥杀人之罪。窦娥被官府拉去受审,马上要被送上刑场,一个柔弱女子,并没有招谁惹谁,平白无故,引发了一场大祸,她便开始大胆痛斥天地:"天也,你不分好歹何为天;地也,你错勘贤愚枉作地。""为善的遭贫穷命更短,造恶的享富贵又寿延。"这到底是一个怎样的社会?因果报应又怎样体现?窦娥迷惑了,她不能理解。但我们能理解,根本就没有因果报应这一说,所以也不必费尽心思去思考:为恶的没被惩罚是出于上天对人的姑息纵容,抑或是祖宗有德,积善已多,延及子孙。如果说作恶之人,没有落个好下场,那也只是作恶的一种结果,并非恶人定有恶报,好人必有好报,我们不必去想更多。

人能忍则不起争端

【原文】

人能忍事，易以习熟，终至于人以非理相加，不可忍者，亦处之如常。不能忍事，亦易以习熟，终至于睚眦之怨深，不足较者，亦至交嚣争讼，期以取胜而后已，不知其所失甚多。人能有定见，不为客气所使，则身心岂不大安宁！

【译文】

人如果善于忍耐，并且逐渐习以为常，即使别人对他施以非礼到不可忍耐的地步，他也能处之泰然，和往常一样。人如果不善于忍耐，也逐渐习以为常，即使别人对他有一点儿小小的怨恨与非礼，根本不值得去计较，也总是竭尽全力去打官司，不到取胜决不罢休，但他不知道自己失去的东西远远要比得到的东西多。人如果有明确的见解和主张，不为外界事物所干扰，那么他的身心就会得到极大的安宁。

【评析】

能否忍耐可以看出一个人的气魄与度量。

诸葛亮和周瑜相比，在某些方面简直不相上下，而诸葛孔明为何能将周瑜气死，其中就显示了一个气量的问题。周瑜气量太小，睚眦必报，而诸葛孔明却宽宏大量，料事如神，目光长远。

诸葛亮为了达到连吴抗曹的目的，用的就是智激周瑜之计，因为他已摸准了周瑜的脾性，大凡小事都不会忍耐。孔明说："我有一计，并不劳牵羊担酒，纳土献印；亦不须亲自渡江；只需遣一介之士，扁舟送两个人到江上，操一得此两人，百万之众，皆卸甲卷旗而退矣。"周瑜问："用何二人，可退操兵？"孔明故意绕弯子说："江东去此两人，如大木飘一叶，太仓减一粟耳；而操得之，必大喜而去。"瑜又问："果用何二人？"诸葛亮这才说："我隐居隆中时，闻曹操新修造铜雀台，极其壮丽，广选天下美女以实充其中。操本是一个好色之徒，久闻江东乔公有二女，长曰大乔，次曰小乔，有沉鱼落雁之容，闭月羞花之貌。操发誓曰：'吾一愿扫平四海，以成帝业；一愿得江东二乔，置之铜雀台，以乐晚年，虽死无恨矣。'今虽引百万之众，虎视江南，其实为此二女也。将军何不去寻乔公，以千金买此二女送与曹操。操得二女，称心满意，必班师矣。此范蠡献西施之计，何不速为之？"瑜曰："曹欲得二乔，有何验证？"曹操便给周瑜朗诵了《铜雀台赋》，其中确有"二乔"的名字，但绝对没有非得二乔之意，泛指美女罢了。但周瑜气得当时就破口大骂曹操为老贼，即刻下定决心歼灭曹贼，虽刀斧加头，亦不易其志。

诸葛孔明只是使了一个计，其实他何尝不知大乔乃孙权之妻，二乔乃周瑜之妻，而周瑜实在也太无度量了，以至于不用自己的头脑好好想想，事实是否真如孔明所说的那样。

小人当远之

【原文】

人之平居,欲近君子而远小人者。君子之言,多长厚端谨,此言先入于吾心,乃吾之临事,自然出于长厚端谨矣;小人之言多刻薄浮华,此言先入于吾心,及吾之临事,自然出于刻薄浮华矣。且如朝夕闻人尚气好凌人之言,吾亦将尚气好凌人而不觉矣;朝夕闻人游荡不事绳检之言,吾亦将游荡不事绳检而不觉矣。如此非一端,非大有定力,必不免渐染之患也。

【译文】

日常生活中,人们都想与君子结交而远离小人。君子的言论,大多忠厚老实端庄严谨,有长者之风。这种言论先进入我的心中,等到我遇到事情的时候,我也自然而然会有忠厚老实端庄严谨的长者风度;小人的言论却多为刻薄浮华之言,如果这种言论首先进入我的心中的话,等我在事情面前时,我自然而然也有了刻薄浮华的言论。正如早晚耳边充斥的都是盛气凌人之言,我也就变得盛气凌人而自己却不发觉;早晚听那些游荡之人目无法纪的言论,我也会变得喜欢游荡,目无法纪却不自知。像这样的情况出现得很多,如果没有很强的自控能力,必然免不了逐渐沾染的不良结果。

【评析】

"近朱则赤,近墨者黑。"此言一点儿不假,与君子为伍,便有君子之风,与小人为伍,便有小人之气。

贾宝玉整天在脂粉堆里厮混,嘴边不是"林妹妹",就是"宝姐姐",使他的性格有明显的女性化偏向,情感细腻、柔和,敏感而多愁。认为"女儿是水做的骨肉,男儿是泥做的骨肉,见了女儿便觉清爽,见了男儿便觉混浊。"他似乎讨厌男子做的一切事情。头等的中举求功名、光宗耀祖之事他不屑干,认为那是国士禄蠹之流、沽名钓誉之徒干的。接下来的立门顶户、孝事父母之事,他也不愿意干。他愿意干的是什么呢?愿意给女儿家调脂粉,喜欢啃女孩子嘴上的胭脂,不时地对哪个清爽却又薄命的丫鬟一洒同情之泪。再就是在林妹妹面前吐露千万个真心,赔千万个不是。他没有一个男儿应有的气质,这与他从小的生存环境有极大的关系。

浪荡子薛蟠,与贾宝玉相差简直十万八千里。从小骄纵,养成了浪荡不羁,聚众赌博,饮酒,嫖妓的腐化堕落之恶习,他总是与那些最堕落的人在一起,而那些淫欲放纵、不务正业之人也总愿意靠近他。在梨香院住下不到两月,便将贾府一批最低级的人都结识了。

　　诸葛亮为了不辱先帝使命,对刘备所托之孤刘禅关爱备至。在他出师之前,写了感情诚挚的《出师表》,告诫他"亲贤臣,远小人"。唐太宗李世民在这一点上,不愧为一个明君。魏征担任秘书监,有人诬告魏征谋反,太宗说:"魏征,从前是我的仇人,只是因为他忠于所侍奉的人,我于是提拔任用了他,怎么竟会有人诬陷他?"太宗竟然不询问魏征,就马上斩杀了诬告者。

老成之言更事多

【原文】

老成之人,言有迂阔,而更事为多。后生虽天资聪明,而见识终有不及。后生例以老成为迂阔,凡其身试见效之言欲以训后生者,后生厌听而毁诋者多矣。及后生年齿渐长,历事渐多,方悟老成之言可以佩服,然已在险阻艰难备尝之后矣。

【译文】

年老之人的言论有时显得迂腐而不大切合实际,但老年人却经历的世事很多而阅历丰富。年轻人即使是天资聪颖,但在人生的阅历及识见方面终难与老年人相比。年轻人总认为老年人的言论迂腐而不合实际,大凡老年人用他自己亲身经历过的事情来教导年轻人时,年轻人很多不喜欢听而且还要诋毁老年人,殊不知那些言论在老年人身上都是应验过的。等到年轻人年岁渐渐增长,经历的世事逐渐多起来之后,才体悟到老人之言是多么值得人佩服,但是能体悟到这一点早已是在他备尝艰辛之后了。

【评析】

"不听老人言,吃亏在眼前。"老人是一部厚厚的书,记载着人生春夏秋冬中的酸甜苦辣,抒写了成功,也承载了失败。据说曾经有一个历史阶段,人们将老人视为隐患,认为人老了便无用了,白白浪费国家的粮食,还不如活埋掉,于是人在老了之后就被活埋。这其实是一种极为无知的做法,老人虽已无力再叱咤风云于人生的大舞台,但他丰富的人生阅历却是后人的一笔财富,使后人在通往成功的道路上少走弯路,这要比他直接创造价值意义还要大。即便是老人的言论,随着时代的发展有不切实际的可笑迂腐之处,但毕竟瑕不掩玉,劝君还是多听听老人之言吧。

张良是沛公刘邦手下的一名良将。早年他从容步游下邳圯上,一老父穿着粗布衣服,走到张良之前,径直把鞋子丢到圯下,看着张良说:"小子,下去给我取鞋!"张良异常惊异,但见是一位老者,不忍发作,强忍着火气下去给老人取鞋。没想到老人又说:"给我穿上。"张良不仅为老者取回了鞋,又跪着给他穿上。老父大笑离去,不一会儿又返回,对张良说:"你小子可以教育,五日后凌晨,与我在这里相会。"张良答应。五日后,张良到时,老人已先到,老人怒曰:"与老人约定,迟到是最大的不恭,后五日,再来吧!"又五日,张良鸡鸣时前往。老人又早到,老人依然发怒。再五日之后,张良半夜就去了,不一会儿老人也到了,老人高兴地说:"年轻人就该是这个样子。"并拿出一本《太公兵法》给张良,告诉他说,读了这本书可以成为王侯的军师。十三年后你在济北见我,我是谷城山下黄石老人。张良得此书后,时常诵读,跟随刘邦之后日渐为刘邦所重。

可见,张良对老人是极为尊敬的,而且也相信老人所说的话。老年人的一言一行,可给你在人生之路上指点迷津。

君子有过必改

【原文】

圣贤犹不能无过,况人非圣贤,安得每事尽善?人有过失,非其父兄,孰肯诲责;非其契爱,孰肯谏谕。泛然相识,不过背后窃讥之耳。君子惟恐有过,密访人之有言,求谢而思改。小人闻人之有言,则好为强辩,至绝往来,或起争讼者有矣。

【译文】

圣贤尚且不能没有过错,何况一般人不是圣贤,怎么能够每件事都做得尽善尽美呢?一个人犯了过错,不是他的父母兄长,谁肯教诲责备他呢?不是他情意相投的朋友,谁肯规谏劝告他呢?关系一般的人,不过是背地里议论议论他罢了。品德高尚的君子惟恐自己犯有过错,暗暗察访别人对自己的议论,听到这些议论就会感谢别人,并且考虑改正过错。品德低下的小人听到别人对自己的议论,就爱强行替自己辩解,以至于断绝了朋友的交往,还有人为此而对簿公堂。

【评析】

俗语说:"人非圣贤,孰能无过"。犯了错误不要紧,关键是看一个人对待错误的态度怎么样。有的人"闻过则喜",知错就改,有的人刚愎自用,不知悔改。遍观古今,不论开明君主,贤达人士,凡是能成就一番事业的人,往往都能知错必改,而那些文过饰非,不知悔改的人,往往注定要成为失败者。

楚汉相争,刘邦的势力不及项羽强大,但刘邦经过四年奋战,最后消灭项羽,建立刘汉王朝。刘邦胜利的因素很多,但他知错就改的精神是其中不可忽视的一点。刘邦知错就改的事例很多,聊举几例。据《史记》记载,刘邦攻入秦都咸阳后,看到"宫室帷帐狗马重宝妇女以千数",于是就要"留居之"想好好享受一番。如果此时刘邦真的在秦宫室住下来,那他可就犯了严重错误,因为那样做他就会失去民心,得不到百姓拥护,让项羽有隙可乘,如此一来,在楚汉战争中失败的就可能不会是项羽而是他了,然而刘邦必竟有着知错就改的精神,在樊哙和张良的力劝下,他打消了这个念头,还军霸上。后来他以此为借口,在鸿门宴上指责项羽,说得项羽犹疑不定,从而逃避了一场杀身之祸。

刘邦与郦食其商量如何削弱项羽力量,郦食其劝他刻印授与六国后人,使六国各复其国。张良闻听此事后,马上向刘邦陈说了八条不能刻印的理由,条条中肯,刘邦认识到了这种做法的错误,马上"令趣销印"销毁了这些印章。

与刘邦相反,项羽就是一个刚愎自用不知改过的人。亚父范增屡次进谏,他都不予采纳,最后中了刘邦反间计,让范增告老还乡,从而失去了他最重要的一个谋臣。最终导致了他在楚汉战争中的失败。

《论语》说:"过而不改,是谓过矣。"也就是说一个人犯了错误如果不求改正,那就真正是犯了错误。《论语》中还说:"君子之过也,如日月之食焉:过也,人皆见之;更也,人皆仰之。"这是一个极其恰当的比喻,说明了一个极为深刻的道理:一个人犯了错误不要紧,只要能够及时改正,那他一样能受到大家的敬仰。

少说为佳

【原文】

言语简寡,在我,可以少悔;在人,可以少怨。

【译文】

说话简短并且少言寡语,这样,对于我来说,可以减少因为言语不周而造成的懊悔;对于别人来说,可以减少对我的怨恨。

【评析】

俗语说:"病从口入,祸从口出"。在日常生活中,因为说话不当产生矛盾的事,可能我们每个人都亲自经历过。古往今来,许多人都把寡言少语作为自己立身行事的一条原则。唐朝诗人刘禹锡的《口兵诫》说:"我诫于口,惟心之门。毋为我兵,当为我藩。以慎为键,以忍为阍。可以多食,毋以多言。"可见人们对言多必失是何等的慎戒。

汉代的开国功臣曾参做丞相时,专爱挑选那些忠厚诚恳、质朴而不善言辞的人做丞相府的属吏,而打发走那些善于言词而苛刻严峻的人。

汉代另一位开国功臣周勃也是一位沉默寡言的人。因此汉高祖认为他可以托付大事。他处理政务,召见下属时总是说:"趣为我语"即"赶快把事情说了"。这位寡言少语的西汉重臣在"诛诸吕"时起了关键作用,为西汉王朝的安定作出了重要贡献。

汉代名将李广一生抗击匈奴,身经七十余战,被匈奴人称为"飞将军"。他治军有方极受人民爱戴,然而李广也是一位寡言少语的人,《史记》说他"讷口少言"。司马迁在《史记·李将军列传》中说:"余睹李将军悛悛如鄙人,口不能道辞。及死之日,天下知与不知皆为尽哀。彼其忠实心诚信于士大夫也。谚曰:'桃李不言,下自成蹊'。此言虽小,可以喻大也。""桃李不言,下自成蹊"就是说:"桃树李树不会说话,但人们喜欢它们的果实,往往不用花言巧语,就会受到别人的敬重。"这句话是对李广的恰当评价,也是对那些寡言少语而又品德高尚的人的一种极高的赞扬。

小人作恶不必谏

【原文】

人之出言举事,能思虑循省,而不幸有失,则在可谏可议之域。至于恣其性情,而妄言妄行,或明知其非而故为之者,是人必挟其凶暴强悍以排人之异己。善处乡曲者,如见似此之人,非惟不敢谏诲,亦不敢置于言议之间,所以远侮辱也。尝见人不忍平昔所厚之人有失,而私纳忠言,反为人所怒,曰:"我与汝至相厚,汝亦谤我耶!"孟子曰:"不仁者,可与言哉?"

【译文】

一个人说话办事,能够深思熟虑,并且不断反省自己,这样的人不幸犯了过错,可以对他进行规谏劝告,帮助他改正错误。至于那种随心所欲、无所顾忌、胡作非为,或者是明知道这件事是错误的,却非要故意去做的人,必定会凭借其凶狠暴戾,强健勇悍来排除别人对自己的议论。善于处理邻里之间关系的人,如果看到类似这样的人,不但不敢对他进行劝告规谏,就是听到别人议论他,自己也要躲开,这就是为了避免受到他的侮辱。我曾经看见有人不忍心平时交谊深厚的人犯下过失,用诚恳正直的话规谏劝告他,反倒引起那人的恼怒,说:"我与你交情极其深厚,难道连你也来毁谤我吗?"孟子说:"不讲仁义的人,我们怎么能够和他交谈呢?"

【评析】

这是作者从多年的生活经验中总结出的一条道理,有它的合理性。

为恶多端的人,早晚必受国法制裁,所谓"多行不义,必自毙"说的就是这个道理。封建社会有一条原则叫"文死谏,武死战"。那些直言进谏的忠臣当然有忠君思想的一面,但是也不能忽略他们有为百姓谋福利,希望社会安定的一面。因此对那些今天看来是"愚忠"的封建大臣也不能一概否定,然而那些高高在上的君主却往往自私贪鄙,德行不高,修养不够。对忠言直谏的大臣轻则贬官流放,重则杀身灭族。恰好应了袁采这句话"小人为恶不必谏"。

春秋有一个国君叫晋灵公,凶暴残忍,不行君道。厨师没有把熊掌煮熟,他让人杀了厨师,放在大筐里,让妇女抬着走过朝堂,以此来恐吓群臣。晋国的两个忠臣赵盾、士会看见后,就屡次劝谏晋灵公。他们讲了很多大道理,然而这位晋灵公只是表面上答应,说以后不这样做了。其实丝毫也不曾改悔。并且对赵盾怀恨在心,派一个叫钼麑的武士前去刺杀赵盾。钼麑一大早前往赵盾家行刺,看到赵盾的屋门已经打开了,赵盾早已穿好了朝服准备上朝。因为时间还早,就坐在那里打瞌睡。钽麑退出来,长叹一声说:"这样恭恭敬敬的大臣,是老百姓的主心骨啊,杀了老百姓的主心骨是不忠的行为;放弃了君主的命令,又是不守信用的行为。在这样不忠不信的行为中我占有一样还不如死了。"于是这位钽麑就触怀而死。晋灵公看行刺不成,就设下酒宴,请赵盾饮酒。暗中伏下刀斧手,想要杀了赵盾。晋灵公的一个贴身卫士叫提弥明的,知道了这件事,提弥明也是个很有正义感的人,他走上宴席,说:"臣子陪君主饮宴,不能超过三杯酒,否则不合礼法。"扶起赵盾就走。灵公一见赶紧叫出他那条又高又大的恶犬咬赵盾。赵盾生气地说:"不用人,却要用一条狗,这算什么能耐?"在提弥明的帮助下脱离了危险,但是提弥明却不幸被灵公杀了。

晋灵公的行为大大激怒了晋国人民。他当然不会有好下场,一个叫赵穿的人终于在桃园杀了晋灵公。可以说是为民除害了。

赵盾虽然忠心耿耿,屡次进谏,却险些被晋灵公所杀。"小人为恶不必谏",对晋灵公那种人你又何必去劝谏他呢?

别人不善,我以为鉴

【原文】

以此,不善人虽人所共恶,然亦有益于人。大抵见不善人则警惧,不至自为不善。不见不善人则放肆,或至自为不善而不觉。故家无不善人,则孝友之行不彰;乡无不善人,则诚厚之迹不著。譬如磨石,彼自销损耳,刀斧资之以为利。老子云:"不善人乃善人之资。"谓此尔。

若见不善人而与之同恶相济,及与之争为长雄,则有损而已,夫何益?

【译文】

心地不善的人,虽然大家都厌恶他,但是他的存在对别人也是一种好处。一般人见了不善的人就会自觉地警醒恐惧,从而避免自己做出不善之事来。如果一个人从来都看不到不善良的人,不能从心理上引起警惕,那么他可能就会放肆胡为,甚至有的人自己做出了不善之事却不能察觉。因此,如果家里没有不善的人,那么孝敬父母,团结兄弟的品行就不会十分突出地表现出来;乡里没有不善的人,那么诚实敦厚的行为也不会十分显著。这就好比磨刀石,它自己虽然被磨损了,刀斧等却依靠它而变得锋利。老子说:"不善良的人乃是善良人的借鉴。"说的就是这个道理。如果一个人看见不善的人却要和他一同作恶,甚至要和他比一比谁的行为更恶劣,这样做只能有损自己罢了,有什么益处呢?

【评析】

袁采虽然是封建社会的士大夫,但他这则语录却包含有一定的辩证思想。我们每个人都希望社会上都是好人,没有坏人为非作歹。那样社会就会安定团结,老百姓生活就会祥和幸福了。但是坏人是不可能被消灭的,社会是复杂的,有好人也有坏人,大家都厌恶坏人,却忽视了坏人的存在还有它另一方面的价值。袁采看到了这一点,所以他说觉人不善知自警,也就是要人从不善的人身上引起警觉,反省自己,看看自己是否也有不善的行为,从而加以改正。平常人并没有高度的自知之明,不可能每件事都做得公允得当,尽善尽美。很多时候无法意识到自己的行为是不正确的,甚至是不善良的。而不善人的行为恰好可以引起我们的警觉。让我们参考对照他的行为反思自己。一个有良知的人无疑能从这种反思中提高自己的品德修养,纠正自己的错误行为,这也可以算作不善人的一点"价值"吧!

袁采这条语录还告诉我们,有比较才能区别。如果社会上每个人都是恶人,那么我们也就不知道什么是恶人了,如果社会上每个人都是好人,那么我们也就不知道什么是好人了。从恶人的行径中,我们可以更深刻地感受到正直善良的可贵。徐宏刚在一辆客车上勇斗歹徒置生死于不顾,面对歹徒的凶残,他挺身而出,毫无畏惧。徐宏刚被树为全国人民学习的楷模,说明社会上需要这种英勇的、为维护正义而献身的精神。如果当时车上每位乘客都有徐宏刚的英勇,那么也就没必要树他为楷模了。从与不善人的比较中可以见出善人的可贵,袁采说得对!

正人先正己

【原文】

勉人为善,谏人为恶,固是美事,先须自省。若我之平昔自不能为,岂惟人不见听,亦反为人所薄。且如己之立朝可称,乃可诲人以立朝之方;己之临政有效,乃可诲人以临政之术;己之才学为人所尊,乃可诲人以进修之要;己之性行为人所重,乃可诲人以操履之详;己能身致富厚,乃可诲人以治家之法;己能处父母之侧而谐和无间,乃可诲人以至孝之行。苟为不然,岂不反为所笑!

【译文】

别人做了好事,对他进行勉励赞扬,别人做了坏事,对他进行规谏劝告,这当然是好事。但是必须事先自己反省自己。如果是自己平时也做不到的事,却要去规谏别人,非但不会被别人听取,反倒要被别人鄙薄。这就好比是自己在朝为官,有被人称颂的地方,才可以用自己在朝为官的方法教诲别人;自己处理政事卓有成效,才可以用自己处理政事的方法来教诲别人;自己的才学被人所尊崇,才可以用自己进德修业的要领来教诲别人;自己的品性德行被人尊重,才可以用自己的操行来教诲别人;自己能发家致富,才可以用治家之法教诲别人;自己能住在父母旁边而能与父母和睦相处,才能用自己的孝顺行为来教诲别人。如果说自己尚且做不到这些,却要去教诲别人,岂不反倒被别人耻笑吗?

【评析】

中国古代的儒家讲究修身正己,认为自己做到行为端正,品德高洁才可以去治理民众,或教诲他人。《论语》里有很多话讲的就是这个意思。例如"其身正,不令而行,其身不正,虽令不从。""苟正其身矣,于从政乎何有?不能正其身,如正人何?"儒家思想是中国二千余年封建社会的统治思想。其中有一些是糟粕性的东西,如封建的愚忠、愚孝等,但有许多东西是合理的,有价值的,中华民族几千年来形成的民族性格中,儒家思想的因素很多。一些好的东西,比如注重品德修养,正己才可以正人,已经成为我们民族的优秀品德,在许多杰出人物身上都折射出这种品德的光辉。

李广是汉代名将,抗击匈奴,打了很多胜仗,与士卒同甘共苦,因此深受士卒爱戴。据史书上记载,李广将兵打仗,到了粮草匮绝,缺少饮水的时候,看到了水源,士卒不喝饱了水,李广就不喝水,士卒不吃饱了饭,李广就不吃饭。而且与敌人交战时,总是冲锋在前,凭借其高超的射技射杀敌人。兵士们对他的勇敢都极为佩服。司马迁对李广极为敬重,他为李广作传说:"其身正,不令而行;其身不正,虽令不从。其李将写之谓也!"这句话说的就是李将军这样的人。

我国老一辈无产阶级革命家无不是"正己"的楷模。周恩来总理勤于政务,为国为民鞠躬尽瘁,生活上又极为俭朴,品德又那样高尚完美,赢得了全国人民的无限爱戴。毛泽东、朱德、陈毅,哪一个不是"正己"的楷模。而历史上许多朝代君主昏庸,官吏贪暴,上行下效弄得民不聊生。秦朝始皇帝和二世都贪得无厌,穷奢极侈,滥用民力,他们自己不正,如何正人,弄得全国吏治一片黑暗,不过短短十几年,这个短命的王朝就被农民起义军付之一炬。历史上的奸臣赵高、秦桧等等,哪一个也不能算是光明正大,所以他们无不被人民唾弃,没有一个能得到好下场。

别人议论不足畏

【原文】

人有出言至善,而或有议之者;人有举事至当,而或有非之者。盖众心难一,众口难齐如此。君子之出言举事,苟揆之吾心,稽之古训,询之贤者,于理无碍,则纷纷之言皆不足恤,亦不必辨。自古圣贤,当代宰辅,一时守令,皆不能免,居乡曲,同为编氓,尤其无所畏,或轻议己,亦何怪焉?大抵指是为非,必妒忌之人,及素有仇怨者,此曹何足以定公论,正当勿恤勿辩也。

【译文】

有人话说得极为善良并且得体,还有对他进行非议的人;有人做事做得极为得当,还有对他非议的人。这就是众人的心思难以一致,众人的口实议论难以整齐划一而导致的结果。品德修养好的君子说话办事,如果能本着自己的良心,参考古代圣贤的遗训,向当代的贤明人士咨询请教,这样做出事来在道理上没有缺陷,对别人纷纷攘攘的议论都可以不必去担忧考虑,也不必去跟那些人争辩。自古以来的圣贤,当代的宰相,为官一时的太守县令,都不能免于被别人议论,何况一般人居住在乡井之中,同样是平民百姓,就更应该不畏惧别人对自己的议论了,有的人轻易地就议论自己,那又有什么奇怪的呢?一般来讲,一个人硬把对的说成错的,一定是妒忌别人,或者是平常就和别人有仇怨,这些人说的话怎么可以定为公论呢?对于这些人的话,正应当不加考虑不加辩解才对。

【评析】

我们生活在现实的社会中,总免不了要被他人议论。社会上总是有那么一小部分人爱搬弄是非,非议别人。一种是出于妒忌,看到别人取得了成就,超过了自己,就妒火中烧,非要从别人身上挑出毛病来,加以夸张渲染播扬出去,有的甚至无中生有,造出许多谣言来中伤他人,目的无非是要降低别人的威信,造成对别人不利的社会舆论,从而使自己获得某种心理平衡。一种是和别人结有怨恨,出于报复的心理,播弄出一些流言蜚语,捕风捉影,无中生有,无非也是要贬损别人的人格,降低别人的声誉。这种人存在于社会的每一个角落,让人有防不胜防之感。袁采看得很透彻,"浮言不足恤",对于那些流言飞语,我们不必去忧虑它。以一种"置若罔闻"的态度来对待它,我看是再合适不过了。中国古语说:"众口铄金,积毁销骨。"可见舆论的力量是极可怕的。如果一个人把别人的议论看得很重,不但做起事来要缩手缩脚,甚至于可以因此而丧失生存的勇气。著名演员阮玲玉,翁美玲等,不就是因为忍受不了流言蜚语而自杀的吗?一个人要想取得事业成功,成为生活中的强者,就必须置流言蜚语于不顾。80年代初我国刚开始实行经济体制改革的时候,触及了许多人的既得利益,很多人对改革不理解,那些敢为天下先的改革者,虽然受到许多流言飞语的侵袭,但对攻击他们的言论毫不理会,义无反顾地推行改革政策,最终改革成功了,他们也得到了别人的理解。当时的一部电视剧《新星》中的男主角李向南就是一个很好的例子,他不顾流言蜚语锐意改革,成为改革者的典型。

　　意大利著名诗人但丁有句话:"走自己的路让别人去说吧。"和袁采"浮言不足恤"正好同声相应。

奉承之言多奸诈

【原文】

人有善诵我之美,使我喜闻而不觉其谀者,小人之最奸黠者也。彼其面谀吾而吾喜,及其退与他人语,未必不窃笑我为他所愚也。人有善揣人意之所向,先发其端,导而迎之,使人喜其言与己暗合者,亦小人之最奸黠者也。彼其揣我意而果合,及其退与他人语,又未必不窃笑我为他所料也。此虽大贤,亦甘受其侮而不悟,奈何?

【译文】

有些人善于当面称颂我的好处,让我喜欢听他说的那些话而不觉得他是在阿谀奉承。这是小人中最奸诈狡黠的一种。他当面奉承我令我高兴,等他回去和别人谈论起来,未必不会暗地嘲笑我被他愚弄了。有些人善于揣摩别人的心意是什么,找出这样的话题进行谈论,引导别人并且迎合别人的心意,使别人高兴他的言论和自己的暗相契合,这也是小人中最奸邪的一种。他揣摩我的心意而果然和我的心意相符合,等他回去和别人谈论起来,又未必不暗地里嘲笑我的心意被他预料到了。即使是大德大贤的人,也心甘情愿受这种小人的欺骗而不醒悟,这也是无可奈何的事情啊!

【评析】

孔子说:"巧言令色,鲜矣仁!"意思就是花言巧语的人很少是存心善良的,善于溜须拍马,投机钻营的人,往往都有一套嘴上功夫,吹捧当权者的功绩,投合领导的心意,领导喜欢什么话他就说什么话,或奴颜婢膝,或真诚恳切,领导需要哪一种,他都能心领神会做得比演戏还像。这种人的目的不过是博取领导欢心,满足个人私欲。可是世上就有许多的领导人物喜欢被阿谀奉承、喜欢被吹捧,这就给许多巧言令色的小人提供了机会,他们早已参透了领导的喜恶,说话办事完全符合领导的心意,世上就有许多领导者重用这样的人,提拔这样的人,结果被欺骗被蒙蔽而毫不察觉。巧言令色的小人现在有,过去更有,几乎每朝的昏君身边,都有那种善于察言观色、见风使舵、溜须拍马、阿谀奉承的人物。

历史上有名的奸臣赵高手段高明,阴险毒辣,善于揣摩皇上心意,推波助澜,助纣为虐。他耍弄政治阴谋立胡亥为秦二世后,自己也取得高官,成为皇帝的信臣。一次二世与赵高谈话,流露出及时行乐的意思,赵高马上顺风而上,竟然说及时行乐只有贤主才能做得到,而昏君是做不到的,显然一派胡言。他揣摩到二世因玩弄阴谋而登上皇位,担心自己地位不稳固,于是借机向二世进言要他"严刑酷法"消灭一切敌对势力,这正好符合二世的心意。残暴的秦二世杀戮了许多前朝大臣,几十个兄弟姐妹,老百姓连坐受刑的人更是不可胜数。弄得民不聊生,农民起义军很快就灭亡了这个短命的王朝。赵高也没有得到好下场,子婴即位后,刺杀了赵高,并且夷其三族。

　　为官也好,为民也好,切不可被谀巽之言所迷惑,否则为害不浅,后悔不及。

凡事不可过分

【原文】

人有詈人而人不答者,人必有所容也。不可以为人之畏我,而更求以辱之。为之不已,人或起而我应,恐口嗫而不能出言矣。人有讼人而人不校者,人必有所处也。不可以为人之畏我,而更求以攻之。为之不已,人或出而我辨,恐理亏而不能逃罪也。

【译文】

有人辱骂别人而别人不予理会,这个人一定涵养高容忍了他。我们不能认为这是别人惧怕我们,而进一步去侮辱他。如果总是这样做,人家就有可能起来反击我们,到那时我们恐怕就会吓得说不出话来了。有人和别人争讼,而别人不计较,这是别人有他自己的考虑。我们不要认为别人是畏惧我们,而进一步去攻击人家。攻击个没完没了,人家站出来和我们辩论,我们恐怕就会理亏而不能逃避罪责了。

【评析】

世上往往有那么一种品德修养差的人,喜欢得寸进尺,侮慢了别人,别人不与理彩,他不知这是人家对他的包容,反倒认为别人害怕他,更加助长了他的嚣张气焰。可是人的容忍毕竟是有限度的,他激怒了人家,难免要自讨苦吃。凡事不要做得太过分,无论是一个普通百姓,还是一个国家的当权者都是这样。

北宋时期,奸臣当道,政治黑暗,人民生活困苦不堪,因此许多英雄好汉都被"逼上梁山"。林冲是一个典型的例子。太尉高俅的儿子高衙内看中了林冲的媳妇,几次想要强行霸占,都未得手,于是设下一条毒计,以"看刀"为借口,诱骗林冲误入军机重地白虎堂,借此判罚林冲充军沧州。林冲本想服完刑后再返回京城,但高俅一伙人不肯善罢甘休,非要置林冲于死地。派陆虞侯雪夜火烧草料场,幸好林冲当晚寄住在一所庙里,逃过此难。林冲怒不可遏,杀了陆虞候,被逼上梁山,走上了反叛道路。高俅一伙人自认为重权在握,丧尽天良,欺人太甚,把无数英雄好汉逼上梁山,燃起了农民起义的烈火。

马克思主义认为事物发展有一个"度",超过了这个"度",就要由量变达到质变。事物的性质也就随之改变了,我们在日常生活中为人处世也要把握一个"度",这样才能保持团结和睦的社会关系,有利于我们的学习和工作。

盛怒之下,言语慎重

【原文】

亲戚故旧,人情厚密之时,不可尽以密私之事语之,恐一旦失欢,则前日所言,皆他人所凭以为争讼之资。至有失欢之时,不可尽以切实之语加之,恐忿气既平之后,或与之通好结亲,则前言可愧。大抵忿怒之际,最不可指其隐讳之事,而暴其父祖之恶。吾之一时怒气所激,必欲指其切实而言之,不知彼之怨恨深入骨髓。古人谓"伤人之言,深于矛戟"是也。俗亦谓"打人莫打膝,道人莫道实"。

【译文】

亲戚朋友,故交旧识,即便在彼此关系融洽感情深厚的时候,也不可以把自己的隐秘之事全部告诉他们。恐怕一旦双方关系恶化,那么从前所说的话就成了他人和你争讼时所凭借的资本。还有在和人关系恶化的时候,也不要用太过分的言辞侮辱人家,恐怕怒气平息之后还要和他恢复以前的友好关系,甚至结为亲戚,那样从前所说的话可就会令人惭愧了。一般来说,在怒不可遏的时候,切不可揭露别人隐私避讳的事情,或暴露别人祖辈、父辈所做过的恶事,我们可能被一时的怒气所驱使,一定要揭露人家的短处来攻击人家,不知道人家对我们的怨恨由此而深入骨髓。古人说:"言语对人的伤害,比长矛剑戟还要厉害",说得对啊!俗话也说:"打人莫打膝,说人莫揭短"。

【评析】

生活中的矛盾,往往是由于说话不当引起的。朋友之间一旦翻脸,盛怒之下,难免要攻击对方的短处,只图一时快意,不计后果,如果从此绝交,对方可能把你的话牢记在心。气量大度些的,倒也罢了,气量小的,耿耿于怀,总要伺机报复,双方难免结下仇怨,如果双方怒火平息,又言笑如初,恐怕你就会后悔,当时不该说那样尖酸刻薄的话。夫妻双方争吵也是这样,天下没有不争吵的夫妻,然而吵了架就分手的毕竟是少数,绝大多数吵过之后,还要接着过日子,所以双方处在气头上时,千万不可一时任气,说话失去分寸,揭露对方短处或是专拣对方不爱听的话刺激他,这样做难免要伤害对方感情,不利于婚姻的稳定。常见许多小夫妻,结婚时和和睦睦,恩恩爱爱,可就是为一些琐碎小事,争吵时互不谦让,说话不顾后果,时间长了,难免要妨碍双方感情的稳固。严重的要闹到离婚的地步。可见说话不加考虑危害也是很深的。

　　古代这样的例子也很多。西汉将军灌夫与魏具侯窦婴交谊深厚,灌夫为人刚直,使酒任气,说话不计后果。卷入了魏具侯窦婴和丞相田蚡两个权贵间斗争的漩涡。在一次宴会上他看到众人对丞相田蚡十分尊敬,而对失势的魏具侯窦婴并不大理会,因此十分生气。轮到灌夫给临汝侯敬酒时,临汝侯正与程不识耳语,灌夫借机发怒,骂临汝侯说:"你生平诋毁程不识一钱不值,今天在酒桌上你又跟个女人一样和程不识窃窃私语!"田蚡劝灌夫说:"程不识与李广都是东西宫的卫尉,你现在当众侮辱程不识,难道就不给李将军留些面子吗?"灌夫说:"我脑袋搬家尚且不怕,还管什么程李呢?"丞相田蚡状告灌夫"骂座不敬",借此斩了灌夫三族。灌夫因为说话莽撞,不计后果而招致了灭顶之灾,不能不让人感叹说话谨慎是何等重要。

与人言语，平心静气

【原文】

亲戚故旧，因言语而失欢者，未必其言语之伤人，多是颜色辞气暴厉，能激人之怒。且如谏人之短，语虽切直，而能温颜下气，纵不见听，亦未必怒。若平常言语，无伤人处，而词色俱厉，纵不见怒，亦须怀疑。古人谓"怒于室者色于市"，方其有怒，与他人言，必不卑逊。他人不知所自，安得不怪！故盛怒之际与人言语尤当自警。前辈有言："诫酒后语，忌食时嗔，忍难耐事，顺自强人。"常能持此，最得便宜。

【译文】

亲朋好友，故交旧识，因为说话不当而交情破裂的，未必都是因为说了伤害别人的话。很多是因为态度、言词、语气过于粗暴，所以激起了别人的愤怒。比如规谏别人的短处，话语虽然恳切直爽，却能和颜悦色，纵使不被对方听取，也不至于惹怒对方。平常说话，本没有伤人的地方，而言辞声色都很严厉，即使不被对方恼怒，也会引起人家怀疑。

古人说："在家里生气后，难免要把怒色带到外面去，"正值他生气的时候，和别人说话，一定不会表示谦逊。别人不知道是什么原因，怎么能不奇怪呢！因此在大怒的时候和别人说话更应该警惕不要伤害了别人。前辈曾经说过："喝酒后戒说话，吃饭时忌生气，能忍受难以忍受的事，不与自以为是的人争论。"经常能坚持这样做，对自己是有好处的。

【评析】

谈话也是门艺术，有些话自某些人嘴里说出，亲切婉转，使人如沐春风；自另一些人嘴里说出，暴厉生硬，让人难以接受。尤其是劝说别人，更要讲究方式，注重分寸，和颜悦色，循循善诱，动之以情、晓之以理，这样更容易达到劝说的目的。

《战国策》上有一则故事叫"触龙说赵太后"。赵太后当政的时候，秦国攻打赵国，赵国向齐国求救，齐国要长安君到齐国做人质才肯出兵，长安君是赵太后的小儿子，深受太后宠爱，太后当然不肯让他去做人质，大臣竭力劝谏，太后仍是不肯。

触龙拜见赵太后，太后知道他的目的，因此对他也不欢迎。触龙说："我老了，脚上有病，走不快，因此很久没来看望您了，怕您贵体有恙，所以特来看望您。"太后说："我还是要坐辇才能出去。"触龙说："您每天的饮食没有减少吧?"太后说:"喝些粥罢了。"触龙说:"我现在食欲很低,尽力散步,每天走上三四里,这样能多吃些东西,对身体也有好处。"太后说:"我可做不到这样。"

两位老人找到了共同话题,太后此时脸色渐渐缓和了。触龙接着说:"我的小儿子舒祺今年十五岁了,我最喜爱他,能不能让他做个王宫卫士,他有安身之处,我死也瞑目了。"太后说:"大丈夫也爱怜小儿子吗?"触龙说:"比妇人还厉害。"太后笑着说:"还是妇人爱子更深。"触龙说:"我看您爱您女儿燕后要深于爱长安君。"太后说:"这是哪里话。"触龙说:"您每次送别燕后,都哀泣他远嫁他国。但又常常为她祈祷,祝愿她的子孙在燕国能相继为王。这不是替她作长远打算吗?能够替子女作长远打算,才是对子女真正的爱,您说是吗?"太后点头说:"对呀。"触龙接着说:"在赵国,公子王孙不为国家立功是站不住脚的,您现在可以赐给长安君尊贵的地位,丰厚的侍禄,可以封给他肥沃的土地,但不让他立功,一旦您百年之后,让长安君怎么办呢?不如让长安君利用目前这个机会为国立功,我认为您这样做才是对长安君真正的爱,您说对吗?"此时赵太后早已被触龙一番话说得心服口服,答应了让长安君到齐国做人质,从而解了赵国之围。

触龙深谙谈话艺术,和颜悦色,不急不躁,一步步打动了赵太后,实现了他劝谏的目的。

对待老人让三分

【原文】

高年之人,乡曲所当敬者,以其近于亲也。然乡曲有年高而德薄者,谓刑罚不加于己,轻詈辱人,不知愧耻。君子所当优容而不较也。

【译文】

年纪大的人,在乡里面之所以受人尊敬,因为他们在年龄和经历上都和自己的父母相接近。然而乡里面也有年纪虽高而品德修养不够的人,认为刑罚施加不到自己身上,动不动就侮骂别人而不知道惭愧羞耻。君子对这样的人应该能够宽容,不去与他们计较。

【评析】

"敬老"是中华民族的传统美德。历史上有许多关于"敬老"的故事。

汉高祖的重要谋臣张良年轻时就十分敬重老人。一次张良过桥时遇见一位老人,老人走到张良跟前,把鞋子扔到桥下,说:"孩子,把鞋给我取上来。"张良见他是位老人,就给他穿上了鞋,老人笑着离开了,走了一会,又返回来,对张良说:"孺子可教啊,五天以后的黎明时分在此等我。"张良虽然感到奇怪,还是恭敬地说:"好吧!"五天后的黎明,张良前往一看,老人已经先在那里了。老人说:"你与年长人相约,怎可迟到呢?过五天再来吧!"过了五天,张良鸡叫时就去了,老人又先到了,生气地对张良说:"你怎么又迟到了。过五天再来。"五天后,张良夜半时分就去了,老人很高兴,说:"这就对了。我要送你一本书,读了以后,你给王公宰相做老师也没问题了。"老人送张良的书叫《太公兵法》。张良熟读此书,后来辅佐刘邦,屡出奇谋,"运筹帷幄之中,决胜千里之外",深得刘邦信赖,被封为留侯。流传下了"圯上受书"这则轶事。

俗语说:"不听老人言,吃亏在眼前。"因为不敬老而遭受挫折的例子历史上也很多。秦晋之战是一次重大战役,战前,秦穆公向秦国一个叫蹇叔的老人咨询。蹇叔说:"劳动军队去袭击远方的国家恐怕不行。军队远征,士卒疲惫,敌国再有所防备,就很难取胜。我看还是不要去了。"穆公不听,出师东征。蹇叔哭着对主帅孟明说:"孟明啊,我看到军队出征,恐怕看不到班师回国了。"秦穆公非常生气,对蹇叔说:"你知道什么,我看你早该死了。"然而战争发展应验了蹇叔的话,晋军在殽击败了秦军。秦穆公后悔当初没听蹇叔的话,但也悔之晚矣。

与人交游,当有分寸

【原文】

与人交游,无问高下,须常和易,不可妄自尊大,修饰边幅。若言行崖异,则人岂复相近!然又不可太亵狎,樽酒会聚之际,固当歌笑尽欢,恐嘲讥中触人讳忌,则忿争兴焉。

【译文】

和别人交往,不管对方地位高低,态度上必须平和亲切,切不可妄自尊大,讲究穿着服饰。如果言谈举止一副高高在上的派头,那么谁还愿意和你接近呢?然而也不能和人过分亲近。喝酒聚会的时候,固然应该高歌欢笑,尽情畅饮。但也要说话谨慎,否则,在嘲讽讥刺中触犯了别人禁忌讳避的事,可能就要引起争吵了。

【评析】

"平等相待"是朋友交往中的一条基本原则。举止傲慢妄自尊大的人得不到别人尊敬也交不下真正的朋友。春秋时代的信陵君贵为一国公子却能礼贤下士,从不以富贵骄人,各方贤才争相前往归附,门下食客有三千人。他与候赢的交往更是传为佳话。

候赢是魏国隐士,年逾七十,家贫,做大梁城门的守门人。信陵君前去请候赢,送他厚礼,候赢不受。一次信陵君设下酒宴,大会宾客。

众人落座后,公子带领车骑,空出上座亲自去迎后生。候生身穿破衣烂服,毫不谦让,径直坐在了上座上。想要借此来观察公子的态度。信陵君亲自执辔驾车,极其恭敬。候生又对信陵君说:"我有个朋友在肉市里,希望劳驾您去拜访一下。"信陵君把车赶入市场里,候生下车找到他的朋友朱亥,两人站在那里说了很久,悄悄观察信陵君,发现信陵君非但没有生气,态度还愈加谦和,市人见此情景,都暗骂候生,候生面不改色,登车来到公子家。公子引候生坐到宴席上座,向每一位宾客作介绍。宾客们对公子这种作法感到十分惊讶。在公子敬酒的时候,候生趁机说道:"我不过是一个守门人,您却亲自驾车接我,我想要成就您的美名,所以故意在众人面前难为你,这样众人都认为我是小人,而你是忠厚长者了。"候生又把他的朋友朱亥推荐给信陵君,信陵君也是以礼相待。后来,信陵君救赵时,候赢为他出谋划策,朱亥椎杀了晋鄙,夺得军符,解了邯郸之围。信陵君谦恭下士,不以富贵骄人,深得交友之道,值得借鉴。

以才德服人

【原文】

行高人自重,不必其貌之高;才高人自服,不必其言之高。

【译文】

品行高尚的人自然会受到别人的敬重,不一定他的容貌有多么漂亮,身材有多么高大;才能高超的人自然会受到别人敬服,不一定他的言论有多么高明。

【评析】

袁采在这里告诉人们一个道理:一个人要想被人敬服,那么靠修饰容貌,虚饰言词是没有用的,重要的是对品德才能的培养锻炼。古往今来,人民群众尊重敬仰的,都是有德有才的人。刘备、诸葛亮千百年来受人景仰,因为他们的品德比别人高尚,才能也比别人出众。刘备为人仁厚,重义气,自桃园结义后,与关羽、张飞情同手足。对百姓也是满怀仁爱,兵败新野后,曹操穷追不舍,他也不肯丢弃百姓,携民渡江,大得民心。诸葛亮自出茅庐后,一直辅佐刘备,鞠躬尽瘁,死而后已,为刘备赢得三分天下,后又辅佐少主刘禅,殚精竭虑累死军中。像刘备、诸葛亮这样有德有才的人如何不受人景仰呢?

吕布也是三国时代的一员猛将,但这人有勇无谋,见利忘义。最初他认了丁原为义父,在故友李肃的劝说下,他接受了董卓赠给他的赤兔马,还有黄金明珠等宝物,杀了义父丁原,投奔了董卓。司徒王允为了除掉害国害民的董卓,设下了连环计,先将美女貂蝉许给吕布,然而又将她送给了董卓,吕布和董卓都是好色之徒,吕布眼见将要到手的美女被董卓霸占去了,加上王允和貂蝉从旁挑拨,激怒了吕布这个毫无仁义道德可言的小人,终于对董卓恨之入骨,配合了王允等人的策划,亲手杀了这位他曾认作义父的董卓。后来吕布在下邳被曹操围困,他不听谋士陈宫和部将的计策,一味贪妻恋子,弄得众叛亲离,曹操水淹下邳城,生擒了吕布。吕布两次手刃义父,早已落了个无耻恶徒的名声,连一向仁厚的刘备也不替他求情,终于被曹操斩了首级。有民谚说:"马中赤兔,人中吕布。"吕布一表人才,且又武艺高强,只是贪财好色,见利忘义,品德极为低劣,因此,千百年来,成了人所不耻的人物。

作恶多必受天谴

【原文】

居乡曲间,或有贵显之家,以州县观望而凌人者。又有高资之家,以贿赂公行而凌人者。方其得势之时,州县不能奈何,鬼神犹或避之,况贫穷之人,岂可与之较?屋宅坟墓之所邻,山林田园之所接,必横加残害,使归于己而后已。衣食所资,器用之微,凡可其意者,必夺而有之。如此之人惟当逊而避之,逮其稔恶之深,天诛之加,则其家之子孙自能为其父祖破坏,以与乡人复仇也。乡曲更有健讼之人,把持短长,妄有论讼,以致追扰,州县不敢治其罪。又有恃其父兄子弟之众,结集凶恶,强夺人所有之物,不称意则群聚殴打。又复贿赂州县,多不竟其罪。如此之人,亦不必求以穷治,逮其稔恶之深,天诛之加,则无故而自惟于罹宪网,有计谋所不及救者。大抵作恶而幸免于罪者,必于他时无故而受其报。所谓"天网恢恢,疏而不漏"也。

【译文】

在乡里,有显贵之家,以权势来欺凌别人;又有有钱的人,靠贿赂官府而横行乡里。这些人在得势的时候,州县衙门都不敢动他们,甚至连鬼神都避让他们,而况一般的贫穷百姓,怎么可以与他们较量呢?这些乡里的恶人,对于临近他们房屋、坟墓、山林、田地的地方,必然横加残害,什么时候弄到自己手里方才罢休。即使是别人的衣物器用,只要他喜欢的,就要想办法来夺取。对于这种人只能避开他,不要去理他。等到他恶贯满盈的时候,上天自然会惩罚他的。到那时,他家的子孙就会出败家者,破坏家业,从而为乡里的人报仇。乡里还有一些爱诉讼的人,抓住某人的一点短长,便到处议论宣扬,并诉讼告官,甚至撒泼耍赖,追扰对方。连州县衙门也不敢治他们的罪。还有的倚仗家里父兄子弟众多,纠集凶残恶毒之徒,强夺别人的东西。如果别人敢说什么,他们就聚众殴打人家。这些人一般都行贿于州官县府,于是他们的暴行得不到惩治。这样的人也不必一定要惩治他们。等到他们罪孽深重,上天诛杀他们的时候,他们就会无故而落入法网的。到那时,他们即使再有计谋也无济于事了。大抵做坏事而没有得到惩治的,必定在日后无故而遭到报应。这就是人们所说的:"天网恢恢,疏而不漏"。

【评析】

在封建社会,法律不健全,许多坏人作恶多端却得不到惩治。所以一般百姓只能寄希望于天道,希望有一个公平正直、秉公执法的天来除霸安良。然而,这只是一个美好的愿望而已,治理社会还要靠健全而完善的法律。这是袁采所认识不到的。

君子小人应分清

【原文】

乡曲士夫,有挟术以待人,近之不可,远之则难者,所谓君子中之小人,不可不防,虑其信义有失,为我之累也。农、工、商、贾、仆、隶之流,有天资忠厚可任以事、可委以财者,所谓小人中之君子,不可不知,宜稍抚之以恩,不复虑其诈欺也。

【译文】

乡里面的读书人,有的在待人接物时玩弄手腕,亲近他不行,又很难远离他。这就是所说的君子中的小人,对这种人不能不提防,害怕他不讲信义,连累了我们。在农民、手工业者、商人、奴仆等这一类人中,有天性忠厚老实,可以把事托付给他去办,可以把财物托付给他去保管的,这些人就是所说的小人中的君子,不能不了解这些人,应当用恩惠来安抚他们,就不必考虑他们会欺诈人了。

【评析】

封建社会把人分作三六九等,从封建统治者的角度出发,把有钱有势,参与封建统治,也就是现在所说的地主阶级称作君子;而把工、农、商、贾、奴仆等普通百姓称为小人,这里面自然含有轻蔑贬低的意思。这种称谓上的不同,是维护封建统治所需要的,是符合统治阶级利益的,袁采作为封建士大夫,接受了"君子""小人"这种概念上的划分,然而他的进步之处在于他不像一般士大夫一样盲目维护"君子"尊严,对"小人"不屑一顾,轻蔑鄙薄。他从生活经验出发,通过对社会的观察思考,认识到"君子""小人"并不是绝对的,君子中也有品行低劣的人,这样的君子,在人格上是"小人"。小人中也有品德高尚可以信赖的,这样的小人,在人格上可以称为"君子"。作为封建士大夫,袁采不盲目拘泥于封建思想的束缚,从实际出发,具有平等观念,认识到人的自身价值,这些是难能可贵的。

历史上有很多封建士大夫能够不囿于封建等级制度的限制,对下层劳动人民给予肯定和重视。医和商在封建社会属于社会底层人物。可司马迁在《史记》里为著名的医生扁鹊、仓公立了传。《货殖列传》更是对商人的作用给予肯定。柳宗元和下层人民接触较多,为许多下层人物写了文章传记,如《种树郭橐驼传》《梓人传》《童区寄传》《捕蛇者说》等。这些封建社会有识之士的作法在当时可能被统治阶级批判和诋毁,但在今天看来,他们的思想是超前的,是有进步意义的。

在朝在野,互相理解

【原文】
士大夫居家能思居官之时,则不至干请把持而挠时政;居官能思居家之时,则不至狠愎暴恣而贻人怨。不能回思者皆是也。故见任官每每称寄居官之可恶,寄居官亦多谈见任官之不韪,并与其善者而掩之也。

【译文】
士大夫闲居在家时,能思索一下不在朝做官时的所作所为,就不至于再去干预政治了;做官时能思索一下做官时的心情,就不至于刚愎自用,暴戾恣肆而为人怨恨了。但是有许多人就是不善于反省过去。因此正在为官的人往往说赋闲在家的人讨厌,赋闲在家的人也往往说正在为官的人这也不对,那也不对,连人家做得好的地方也一笔抹杀了。

【评析】
这则语录袁采的主要意思有两个,一是人要善于反省,二是人与人之间要互相理解。赋闲在家不要总考虑如何才能东山再起,应该充分反省一下自己做官时的所作所为,手握权柄时,对某些事情可能无法保持头脑清醒,现在脱离官场,以相对平静的心态看问题,对一些事情可能会获得更清醒的认识。再次为官时就能减少思想上的偏颇,避免一些人为造成的错误。赋闲也好,为官也好,彼此要包容理解,知道许多事情出于不得已,互相指责是没有用的,由于思想狭隘或存心报复而相互责难,就更要不得了。

小人不必责以忠信

【原文】

忠信二事,君子不守者少,小人不守者多。且如小人以物市于人,敝恶之物,饰为新奇;假伪之物,饰为真实。如绢帛之用胶糊,米麦之增湿润,肉食之灌以水,药材之易以他物。巧其言词,止于求售,误人食用,有不恤也。其不忠也类如此。负人财物久而不偿,人苟索之,期以一月,如期索之不售,又期以一月,如期索之又不售。至于十数期而不售如初。工匠制器,要其定资,责其所制之器,期以一月,如期索之不得,又期以一月,如期索之又不得,至于十数期而不得如初。其不信也类如此,其他不可悉数。小人朝夕行之,略不知怪,为君子者往往忿懥,直欲深治之,至于殴打论讼。若君子自省其身,不为不忠不信之事,而怜小人之无知,及其间有不得已而为自便之计,至于如此,可以少置之度外也。

【译文】

"忠""信"这两个字,君子不奉守它们的少见,而小人往往却不守"忠""信"。小人在市场上卖东西,质量低劣的东西,也能够修饰得新颖奇特;假冒伪劣的东西也能做得跟真的一样。比如用胶糊来处理丝绢布帛使之更有光泽,在米麦或肉里加上水,以增加重量,用便宜的东西来代替名贵药材。花言巧语,旨在把东西卖出去,耽误了别人的饮食,使用,他才不管这些,这些小商小贩就是这样的不讲忠信。欠人钱财物品拖了很久也不偿还,人家如果向他索要,他就答应一个月以后偿还,到时候向他要,他又不给,说再过一个月后偿还,到时候索要他仍然不会偿还。有的甚至约了十多次偿还日期可还是没有偿还。请工匠制造东西,给了他定金,向他要所制造的东西,他说一个月后给,到了日期向他要,他不给,又说再过一个月给,到时候向他索要他又不给,以至于约了十多次日期还是像当初一样没能拿到东西。这些人就是这样不讲信义,至于其他事情就更是不可胜数了,那些小人每天都做不讲信义的事,所以也不以为怪,而君子对这些行为却深感气愤,只想严惩他们,甚至于殴打控告他们。如果君子能够经常反省自己,不做不忠不信的事,并且可怜小人的无知,考虑到他们是出于不得已,并且是为了自己方便才作假骗人的,君子如果能这样想,那么也就不把他们的所作所为放在心上了。

【评析】

　　封建社会工农商贾地位低下,被统治阶级视为"小人",处于社会最底层。一般人都对工商之民怀有偏见,认为他们善于弄虚作假,以次充好,为了赚钱而不择手段,中国有一句俗语"十商九奸"。可见人们对商人没什么好印象,本则语录就讲了不少弄虚作假,不讲信义的例子,给人造成一种印象,似乎从事工商业的人都奸滑狡诈没有好人。其实这种想法过分绝对化,是不正确的,工匠制造的器具能满足人民的基本生活需要,商人促进货物流通,没有这些人,人们上哪去买所需要的物品呢?中国是传统的农业经济,漫长的封建社会认识不到工商之民在社会经济发展中所起的作用,全社会都是自我封闭,自给自足。因此,封建社会的经济发展极其缓慢。即使在今天,中国人的商业意识也不是十分强烈,老百姓还是不大瞧得起手工业者。中国人的官本位意识很强烈,认为只有当官才是有出息,这些都是因为我们民族长期经受封建统治,很多封建性的意识在我们头脑里还占有一席之地。人们思想中的封建意识需要逐步清除,才能适应未来社会的发展。

　　这则语录虽然轻视工商业者,但从中我们也可以看出"假冒伪劣产品"早已古已有之。对于制假、售假的行为古人只能从道德角度予以谴责,骂他们是"小人"。当今社会"假冒伪劣产品"已经成为社会一大公害。生活中每个人都可能上过假货的当,人们已经不能只从道义上进行谴责了,所以现代社会有了"消费者协会。"有了"中国质量万里行",对制假,售假的人要绳之以法。现代社会要用"法"来规范商品的生产和销售。从古今对待"假冒伪劣产品"的态度上,我们也可以看出,社会确实是在发展在进步了。

卖假药必遭报应

【原文】

张安国舍人知抚州日,以有卖假药者,出榜戒约曰:"陶隐居、孙真人,因《本草》《千金方》济物利生,多积阴德,名在列仙。自此以来,行医货药,诚心救人,获福报者甚众,不论方册所载,只如近时,此验尤多,有只卖一真药便家资巨万,或自身安荣,享高寿;或子孙及第,改换门户,如影随形,无所差错。又曾眼见货卖假药者,其初积得些小家业,自谓得计,不知冥冥之中,自家合得禄料都被减克。或自身多有横祸,或子孙非理破荡,致有遭天火、被雷震者。盖缘赎药之人,多是疾病急切,将钱告求卖药之家,孝子顺孙只望一服见效,却被假药误赚,非惟无益,反致损伤。寻常误杀一飞禽走兽,犹有因果,况万物之中人命最重,无辜被祸,其痛何穷!"词多更不尽载。舍人此言,岂止为假药者言之,有识之人,自宜触类。

【译文】

张安国舍人主管抚州的时候,因为有卖假药的人,贴出一张告示,上面写道:"陶弘景孙真人,因为写了《本草》《千金方》,救治百姓的疾病,积了很多阴德,最后成了仙人。自他们以来,行医卖药的人,只要诚心诚意救人,获得福禄报偿的人很多。不用说地方典籍上记载下的,就只在现在,应验的也很多。有的人只卖一种真药就累积起了巨万家资,或是自身安逸荣华,享有高寿;也有的人因此而子孙及第,改变了家庭的社会地位,这类事情如影随形,没有不应验的。我曾亲眼看见卖假药的人,最初赚了些小钱,自认为得手,不知道在冥冥之中,自家应得的财物都减少了,或是自己屡遭横祸,或是子孙毫无道理地倾家荡产,甚至还有遭受火灾,被雷霆击中的。因为买药的人多是重病在身,拿钱去卖药人家求告,病者的孝子顺孙只看见了一副药见效,其余都是用来赚钱的假药,不但没有作用,反而会加重病情。平常误杀一只飞禽走兽还有报应,何况在万物之中,人命是最宝贵的,无辜丧命该多么令人伤痛!"告示的言辞很多,我无法全都记下来,舍人这些话,难道只是对卖假药的人说的吗?有识之士,应该能够触类旁通。

【评析】

袁采此则语录记载了一个戒卖假药的告示,看来假药为害,由来已久。袁采认识到假药的危害,记下这则告示,以警示后人子孙,并且说:"舍人此言,岂止为假药者言之,有识之人,自宜触类。"这句话表明袁采观察问题的深刻,发人深省。

几百年后的今天,"假冒伪劣产品"泛滥成灾,充斥市场。"假药"只是其中一种,吃了假药,治不好病反倒送了命,这样的例子报纸上早已屡见不鲜。"假药"能要命,"假酒"也是索命的无常,九八年春节期间,山西的假酒事件令人印象深刻,制假者竟然敢于把掺了工业酒精的水当作白酒卖,几十人喝丧了命,造假者这种无知残忍,要钱不要命的行为简直令人发指,引起人们对假酒以及一切假货的深恶痛绝,严惩造假者成为万众一心的呼声!

我们也必须看到假货之所以能屡禁不止,盛行不衰,除了作假者为了谋取利益而置法律于不顾,胆大妄为之外,广大消费者也有意或无意地为假货提供了市场,拿近几年发展势头迅猛的光盘市场来说,盗版光盘要比正版的多,销售情况也要比正版的好,因为消费者看中了盗版盘的低价位,由于目前仿造技术高超,盗版质量也不是很差,这样对正版光盘的生产厂家造成极大的冲击。让造假贩假的人从中非法谋利,影响了国家税收,损害的还是广大人民群众的利益。

质量是产品的生命,是关系到国计民生的重大问题。日本产品畅销世界,消费者看中的是它的高质量。而中国产品呢,不但质量上不过关,而且几乎任何一种产品都有假货,作假的手段又是那样高明,让人总有真假难辨之感。中国目前正在积极地进行改革开放,谋求同世界经济接轨,加强同世界其他国家的经济交往。那么就应该大力提高产品质量,更严厉地打击假冒伪劣产品,如果有一天中国的假冒伪劣产品冲出国门,打入国际市场,那危害的可就不止中国老百姓了,所以有关部门不可不防,抓紧打假,势在必行。

严肃端庄,不受轻侮

【原文】

市井街巷,茶坊酒肆,皆小人杂处之地。吾辈或有经由,须当严重其辞貌,则远轻侮之患。或有狂醉之人,宜即回避,不必与之较可也。

【译文】

市井街巷,茶坊酒肆,都是小人经常往来的地方,我们到这些地方去的时候,言谈举止一定要严肃端庄,这样才能不被轻视侮辱。要是有喝得酩酊大醉的人找你寻衅,你也应该躲开他,不必和他计较就是了。

【评析】

中国古人讲究衣冠整肃,言谈有度,举止稳重,认为这是君子之风,《论语》说:"君子不重则不威,学则不固"。中国自古号称"礼仪之邦",尤其在几千年的封建社会,形成了一套严密的礼法制度。这与儒家思想在中国占统治地位是密不可分的。西汉初年,儒生叔孙通看到刚刚建立的汉王朝缺少礼仪制度的规范。"群臣饮酒争功,醉成狂呼,拔剑击柱,高祖患之。"于是叔孙通征得高祖同意,召集鲁地儒生三十余人,为新王朝制定了一套严谨周详的礼仪制度,大得皇帝欢心,汉高祖对他说:"我现在才知道做皇帝的尊贵。"叔孙通替汉高祖制定礼仪制度,为后来董仲叔"独尊儒术"创造了条件,儒家思想取得统治地位后,封建礼仪制度更是日益繁琐。衣冠服饰在封建社会是地位的象征,天子、诸侯、士大夫、平民百姓,各有专门服饰,如果下级穿上级的服装,那就是犯上的行为,连衣服的颜色都有规定,比如皇帝穿的是"黄袍",而老百姓只能穿"褐衣"。孔乙己是大家熟知的鲁迅笔下的人物,他虽然极其穷困潦倒,仍然不肯脱下长袍,因为长袍是读书人的象征。作者写孔乙己是咸丰酒店"站着喝酒而穿长衫的唯一的人"孔乙己不脱长袍就是为了表明自己与普通百姓的区别。对于替人做工为生的孔乙己来说,身穿长袍,行动上肯定不会方便,但为了"尊严",孔乙己就管不了这么多了。

现代社会言谈举止也能反映出一个人的学识修养,社会地位等。言谈得体,举止端庄的人,当然受人尊敬,在社交活动中也容易被人接受。而语言粗鄙,举止轻佻的人,虽然自以为是,感觉不错,但肯定没有人愿意同他交往,大家对他"敬而远之"就是了。

不可奇装异服

【原文】

衣服举止异众,不可游于市,必为小人所侮。

【译文】

衣服举止与众不同的人,不要到街市上去游玩,否则,一定会遭到小人的侮辱。

【评析】

在日常生活中,虽说"穿衣戴帽,各有所好",但在穿着上,也不宜过于新奇独特,与众不同。改革开放以后,我们有机会接触到西方的思想文化,有些年轻人盲目崇洋,认为穿上奇装异服才能和西方人步调一致。也借此表明自己的开放,领社会潮流之先。其实西方人在服饰上也是十分讲究的,有地位的人所穿服装都很严肃,尤其在正式场合,西方人不穿日常生活中看起来很随便的衣服,否则会被视为不懂礼貌。奇装异服在西方社会也不是被普遍接受,西方有一种人被称为"嬉皮士",他们穿上奇装异服,目的是反社会束缚,向世人表明自身的存在。服饰往往是和民族传统,民族文化紧密联系的。世界各国各有自己的文化背景,因此,在服装上也表现出各自特点。中国人传统上是穿长袍马褂的,但这种服装穿起来有许多不便之处,所以新文化运动后,人们逐渐穿起了西装。如果现在街上忽然出现一个穿长袍的人,大家肯定会争相注目了。据说,台湾作家李敖在台大读书时,最喜欢穿长袍,一年四季,即使夏天最热的时候也不脱掉,一位也喜欢穿长袍的台大教授对他看了半天,无奈地说:"看来你比我还顽固。"但人家李敖是大家公认的才子佳人,如果你我穿起长袍,那肯定被人讥刺为"不伦不类"。

居乡不可奢华

【原文】

居于乡曲,舆马衣服不可鲜华。盖乡曲亲故,居贫者多,在我者孑然异众,贫者羞涩,必不敢相近,我亦何安之有？此说不可与口尚乳臭者言。

【译文】

居住在乡里面,驾的车马、穿的衣服,不可以鲜艳华丽。因为乡里的亲戚朋友,生活贫困的占多数,我们与众不同,贫困的人感到不好意思,一定不敢接近我们,我们自己如何能安心呢？这些话不必与乳臭未干的未成年人讲。

【评析】

新近有一个名词叫作"平民化",意思就是大人物不搞特殊化,不拿架子,不摆谱,说话办事,衣食住行,尽量与老百姓接近。袁采这则语录说到底就是让权势人物尽可能地平民化,这样才能不脱离群众,受到乡里人的尊重。

西方社会的平民化倾向近年来很明显,许多政府首脑愿意和百姓接近,努力做到与常人无异。德国总理科尔长得人高马大。曾见一篇文章写科尔的饭量极其惊人,但他有一个习惯吃完菜后,一定要把盘子舔光,因为他没有浪费的习惯。其实舔光盘底和"吃不了兜着走"在西方都是正常现象,很多大人物也乐此不疲。

法国总理希拉克访华时,不肯住在钓鱼台国宾馆,而是和随行人员及记者一起住进了北京王府井饭店,几次出现在饭店大厅里,像普通人一样和人交谈,一点也没有总理的架子,让人感觉到亲切自然。

卢森堡大公身为国家元首,经常到街上散步,随便和百姓聊天,不带随行人员,也没有保卫。街上群众也习以为常,绝对不会出现一窝蜂似地要求签名的情况。据说,大公曾经一个人搭乘飞机前往日本访问,一时传为美谈。

延安时期,我党的领袖们和老乡同住一顶土窑洞,和老乡一桌吃饭,老乡也乐于和他们接近,这些领袖人物在衣食住行上都很平民化,和普通百姓没多大差别,曾经看过一张照片,是朱德,彭德怀,邓小平三人站在一方土窑洞前的合影,大约是冬天,三人都穿着厚重的军装棉袄,其中彭老总的裤腿上打了一块大大的补丁,憨憨地笑着。谁能想到,就是这些外表上很"土气"的人,让现代中国发生了翻天覆地的变化。

妇女衣饰不可出众

【原文】

妇女衣饰,惟务洁净,尤不可异众。且如十数人同处,而一人之衣饰独异,众所指目,其行坐能自安否?

【译文】

妇女们穿的衣服,只要干净整洁就行了,切不可与众不同。如果十几个人待在一起,其中一个人的衣服鲜艳华丽,大家把目光都集中在她一人身上,她坐立行走,还能同往常一样自如吗?

【评析】

封建社会妇女地位低下,被看作是男子的附属品。封建礼法制度对妇女更是做了种种限制和要求。此则"妇女衣饰物洁净"也是从男子观点出发,对妇女作出的规范。这是那个时代的产物。现代社会讲求"男女平等""女权运动"早已在世界上蓬勃开展,妇女和男子一样具有自身价值。同样为社会发展作出了贡献。当今世界女总理、女部长已经屡见不鲜,各行各业妇女都有杰出人物。可以说"男女平等"是社会发展,人类进步的一种表现。

人之所欲，应遵礼义

【原文】

饮食，人之所欲，而不可无也，非理求之，则为饕为馋；男女，人之所欲，而不可无也，非理狎之，则为奸为淫；财物，人之所欲，而不可无也，非理得之，则为盗为贼。人惟纵欲，则争端起而狱讼兴。圣王虑其如此，故制为礼，以节人之饮食、男女；制为义，以限人之取与。君子于是三者，虽知可欲，而不敢轻形于言，况敢妄萌于心！小人反是。

【译文】

饮食是人的自然欲望，是不可缺少的，如果不合道理地去追求它，就是贪吃；男女之事是人的本能欲求，是不可缺少的，如果采用不合理的手段去满足需要，那就是奸淫；财物，谁都想获得，是不可缺少的，靠非法手段取得财物，就成了盗贼。人如果只求放纵自己的欲望，就会引起争端，并且免不了要打官司。古代圣王考虑到这些问题，因此制定了礼仪，以节制人的饮食和男女关系，制定了道义，以限制人对财物的获取。君子对于饮食，男女，财物这三样东西，虽然知道是自己所需要的，但是不敢表达出来，更何况是萌生妄想呢！小人正好和君子相反。

【评析】

此则"礼义制欲之大闲"，就是说礼义是限制人的各种欲望的基本准则。作者承认"饮食""男女""财物"是人的基本欲求，就像古人说的"食色性也"。这些欲望对人的生存来说是不可缺少的，但如果放纵对欲望的追求，通过不合理的手段满足欲望，那就会做出非法的事来。封建社会是君主专制的社会，不像当今的法制社会，用各种法律来维护人与人之间的基本关系，保持社会的稳定。封建社会有一套适合于封建统治的礼义规范，用道德力量来限制人的行为。封建礼义就是封建社会人人都要遵守的行为规范。是社会的道德标准。人对各种欲望的满足都要符合这种规范，否则，就会受到谴责和惩治。

财色不可苟得

【原文】

圣人云:不见可欲,使心不乱。此最省事之要求。盖人见美食而下咽,见美色而必凝视,见钱财而必起欲得之心,苟非有定力者,皆不免此。惟能杜其端源,见之而不顾,则无妄想,无妄想则无过举矣。

【译文】

圣人说:"不去看那些可能引起欲望的东西,心里就不会感到迷乱。"这是省去诸多烦恼的秘诀。一般来说,人见了美食就要咽口水,见美色就会注目凝视,见了钱财就会引起贪求的心思,如果不是思想坚定的人,都难免如此。只有能彻底断绝这些贪欲的根源,对它们视而不见,就不会产生妄想了,没有妄想就不会在这些事情上犯错误了。

【评析】

"不见可欲,便心不乱",其实这是一种消极逃避的思想。世界是丰富多彩的,美食、美色、财物,能引起人的欲求是合乎自然本性的,这些东西在世界上无处不有,使我们的生活变得美好,它们本身不是罪恶的根源,况且一个人如何能对这些东西视而不见呢? 说是视而不见,只是自欺欺人罢了。世界上能引起欲望的东西太多了,靠躲避来防止犯错误是根本办不到的。要想使人不被那些能引起欲望的东西迷惑而做出不该做的事情来,一方面要加强思想道德教育,提高人的思想觉悟,提高人的道德意识,另一方面要加强法治建设,提高人的法律意识,让人们能自觉地依法行事,用法律来规范自己的行为。从这则语录也可以看出封建社会人们几乎没有什么法律观念,强调的是修身养性,认为道德修养高了,就可以断绝各种欲望,人就不会有过错。可见道德力量在封建社会对人的行为规范是起着相当重要的作用的。

子弟应适当交游

【原文】

世人有虑子弟血气未定,而酒色博弈之事,得以昏乱其心,寻至于失身破家,则拘之于家,严其出入,绝其交游,致其无所见闻,朴野蠢鄙,不近人情。殊不知此非良策。禁防一弛,情窦顿开,如火燎原,不可扑灭。况居之于家,无所用心,却密为不肖之事,与出外何异?不若时其出入,谨其交游,虽不肖之事习闻既熟,自能识破,必知愧而不为。纵试为之,亦不至于朴野蠢鄙,全为小人之所摇荡也。

【译文】

世上有人考虑到年轻人尚未成年,血气不足,酒色赌博这些事,会扰乱他们的心神,以至于丧失品德,败坏家业。于是把年轻子弟拘留在家里,严防他们的出入,断绝他们和外界的往来,以至于使这些年轻子弟缺乏见闻,愚蠢鄙陋,不懂得人情道理。岂不知这样做并非良策。一旦对他们的管教松弛下来,这些年轻子弟的情欲就会爆发出来,如同野火燎原,不可扑灭。况且把他们拘留在家里,整天无所事事,就会偷偷地做些不该做的事,这样一来和让他们外出有什么区别呢?不如按时让他们出去,告诉他们交朋友要谨慎,对于那些不该做的事他们眼见耳闻,心中有数,自然能够看得出来,一定知道羞愧而不做那样的事。即使试着去做这样的事,也不会愚蠢鄙陋,完全被小人左右愚弄。

【评析】

袁采针对有些家庭因害怕年轻子弟在与人交往过程中染上恶习,于是把年轻人拘禁在家里,断绝他们与外界交往的错误做法,指出这种做法并不可取,年轻人应该与人交往。只是在交往时要谨慎小心,这样可以开阔年轻人的眼界,增加他们的阅历,使他们在与人交往时能辨识好坏,不至于轻易上当受骗。袁采对年轻人的这种教育原则,在我们今天看来,也有值得借鉴之处。

现代社会的父母对孩子的教育都十分重视,但对一些问题又颇感头疼,比如对待孩子的交往问题,有的父母害怕孩子到外面和人学坏,严格限制孩子外出,把孩子关在家里,认为这样孩子就入了保险箱。其实这些父母忽略了正常的社会交往对孩子健康成长所起的作用。每个孩子将来都要走向社会,投入到社会生活之中,要想让他们适应这个复杂多变的社会,就应该让孩子有正常的交往，父母要教导孩子如何与人交往，在与人交往时要注意哪些问题。引导孩子与品德修养好的人交往，可以帮助孩子树立正确的人生观，世界观。父母可以通过社会上的一些不良现象或结合自己的某些经验教训，告诫孩子不能与哪些人交往。孩子在与人交往的过程中，能够不断提高自己判别是非的能力，培养起正确的是非观念，增强他们的社交能力，为孩子步入社会打下良好的基础。如果一味把孩子关在家里，的确使孩子减少了学坏的可能性，但也容易使孩子缺乏正确的是非观念，形成孤僻的性格，走入社会后也无法与人交往无法适应社会，那后果是很可怕的。

持家常存忧惧

【原文】

起家之人,生财富庶,乃日夜忧惧,虑不免于饥寒。破家之子,生事日消,乃轩昂自恣,谓"不复可虑"。所谓"吉人凶其吉,凶人吉其凶",此其效验,常见于已壮未老、已老未死之前,识者当自默喻。

【译文】

创家立业的人积聚起财富之后,就会每天忧虑不安,恐怕将来仍不免于饥寒交迫的境地;败坏家业的人,使家财逐渐减少,但还气宇轩昂地任意胡为,说:"将来没有什么可担心忧虑的。"这就是所说的"有福之人把有福看作不幸的事,而无福之人却以不幸为好事。"这句话经常在一个人已经是壮年,但还未到老年,或已经是老年但还没死之前应验,有见识的人应当自己领会这个道理。

【评析】

创业者知道创业艰难,所以兢兢业业勤俭克己,一心想让家业兴隆旺盛。殊不知后世子孙多是不肖之人,不知祖先创业艰难,坐享其成,挥霍无度,最终往往落得个破家败业的下场。《红楼梦》中的贾史王薛四大家族虽然鼎盛一时,号称"诗礼簪缨之族,钟鸣鼎食之家",但子孙多是不务正业,耽于享乐的花花公子。薛家的公子薛蟠,自幼丧父,被母亲溺爱纵容生活奢侈,说话傲慢,虽然上过几天学,但字也没认识几个,终日斗鸡走马、游山玩水。虽然是皇商,但对生意上的经营运作一概不知,靠他祖父的旧日情分,在户部挂了个虚名,一切事务都由家人伙计去办。但这些家人伙计见薛蟠是个无用的人,就营私舞弊起来,生意也就日渐垮了下来。薛蟠号称呆霸王,一贯倚财仗势,胡作非为。

相中了英莲后,竟然喝令豪奴将先前买主冯渊打死。打死了人他也不当回事,与母亲妹妹上了京城,入京之后,他仍然恶习不改,每日只知纵情享乐,后来又吃了人命官司,受了流放之刑。

贾家宁荣两府子孙也多是不肖之徒,贾赦为了二十把扇子逼死了石呆子,六七十岁的人还要娶贾母身边的丫环鸳鸯为妾,简直毫无礼义廉耻可言。贾珍贾琏贾蓉等人更是只知纵情享乐,吃喝嫖赌无一不好,佑大的祖宗家业,也让他们挥霍殆尽了。

家富不可懈怠

【原文】

起家之人,见所作事无不如意,以为智术巧妙如此,不知其命分偶然,志气洋洋,贪取图得。又自以为独能久远,不可破坏,岂不为造物者所窃笑?盖其破坏之人,或已生于其家,曰子曰孙,朝夕环立于其侧者,他日为父祖破坏生事之人,恨其父祖目不及见耳。前辈有建第宅,宴工匠于东庑曰:"此造宅之人。"宴子弟于西庑曰:"此卖宅之人。"后果如其言。近世士大夫有言:"目所可见者,漫尔经营;目所不及见者,不须置之谋虑。"此有识君子知非人力所及,其胸中宽泰,与蔽迷之人如何。

【译文】

创立家业的人,看见自己所做的事没有不称心如意的,就认为自己的智谋已经十分巧妙高明了。不知道自己的成功是命运里偶然的事,得意洋洋,贪婪索取,不知满足。自认为家业能够永远兴盛下去,不能被败坏,这种想法能不为造物者所耻笑吗?那些败坏家业的人早已生在了他们家,或是儿子或是孙子,每天环立在他身边的,都是有朝一日会败坏父辈祖辈创立的家业的人。只可惜他们的父辈祖辈看不到这些人倾家荡产了。前辈有人建造宅第房屋,在东厢房宴请工匠说:"这是建造宅第的人。"在西厢房宴请自家子弟,说:"这些是将来卖掉宅第的人。"后来发生的事果然应验了他的话。近世有个士大夫说:"能够看见的,就慢慢地经营好了;不能够看见的,就不用去谋划考虑了。"这是有见识的人知道有些事情是人力所不及的,所以,他心中宽缓安定,和那些被遮蔽迷惑的人相比,当然是有所不同的。

【评析】

任何事物都有一个发生、发展、灭亡的过程。一个家庭也是这样,祖先创业的时候,一帆风顺,兴旺鼎盛,赫赫扬扬,自以为能永保无虞。然而事情不总是向好的方向发展,再庞大的家业也有衰败凋零的时候。

《红楼梦》中的贾家祖先建立军功,被封为宁国公和荣国公。一百多年间家运兴旺,声势显赫,子孙享尽荣华富贵,个个安富尊荣,耽于享乐,这个庞大的家族逐渐从内部空虚堕落了,最后被抄家,树倒猢狲散,落了个一败涂地的下场。拿王熙凤来说,在贾家深得贾母、王夫人看重,一贯巧使心机,媚上欺下,干了多少坑人害命的事,一时间两府上下主仆对她巴结奉承。她很是风光荣耀,但最后落了个"机关算尽太聪明,反算了卿卿性命"的可悲下场，三十几岁就命归黄泉了。

　　君主专制时期的历代开国君主，开国创业深知江山得来不易，因此能够奋发图强，励精图治，兢兢业业，勤于政务，能够为人民做一些实事，因此历代王朝一般在开国之初都能显现出兴旺繁荣的局面。后世皇帝贪图享乐，荒淫无度，早忘了祖先创业之艰难，弄得民不聊生。于是被新生的王朝所取代。中国几千年的封建社会，就是在各个王朝的兴废变化中前进的。

持家宜量入为出

【原文】

起家之人,易为增进成立者,盖服食器用及吉凶百费,规模浅狭,尚循其旧,故日入之数,多于日出,此所以常有余。富家之子,易于倾覆破荡者,盖服食器用及吉凶百费,规模广大,尚循其旧,又分其财产立数门户,则费用增倍于前日。子弟有能省用,速谋损节犹虑不及,况有不之悟者,何以支持乎?古人谓"由俭入奢易,由奢入俭难",盖谓此尔。大贵人之家尤难于保成。方其致位通显,虽在闲冷,其俸给亦厚,其馈遗亦多,其使令之人满前,皆州郡廪给,其服食器用虽极华侈,而其费不出于家财。逮其身后,无前日之俸给、馈遗使令之人,其日用百费非出家财不可。况又析一家为数家,而用度仍旧,岂不至于破荡?此亦势使之然,为子弟者各宜量节。

【译文】

创立家业的人,之所以能够把财富越积越多,就是因为他们在服装、饮食、器皿、用具上以及在红白喜事的操办和各种日常花费上都很节俭,遵循发家之前的规矩,从不铺张浪费,因此,每天收入的钱财总要多于支出的,所以他们能经常有所剩余。富家子弟之所以容易倾家荡产,就是因为他们在服装、饮食、器皿、用具上花费太多,操办红白喜事规模太大,总要依循旧制,并且数位兄弟又把财产分开各立门户,这样日常费用就比从前增加了好几倍。子弟中有的人能节省费用,作长远打算,恐怕还来不及呢,何况有的子弟尚未省悟,如何才能把家业支持下去呢?古人说:"从节俭进入到奢侈容易,从奢侈再回到节俭就困难了。"说的就是这种情况。权贵人家也不能保证子孙永不败坏家业。当他们身居高位的时候,即使不是主管要害部门,国家发给的俸禄供给十分丰厚,别人赠送给的礼物钱财也很多,他们面前那么多差役仆从,费用都是由州郡官方供给,他们的服饰、饮食、器皿、用具虽然都极其豪华奢侈,但那些费用都不是由自家财产中支付的。等到这些权贵的后世子孙,没有父祖辈做官时国家拨给的俸禄供给,也没有别人赠送的钱财礼物。差役仆从的薪水,日常生活所需的各种费用,都不得不从自家财产中支出。况且后世子孙又把一家分成好多家,而各种用度还和往昔一样,怎么能够不倾家荡产呢?这也是形势所趋,不可避免的事,做子弟的,都应量入为出,勤俭持家。

【评析】

　　大家也好,小家也好,都应该量入为出,不过于奢侈靡费,才能保持家业兴旺。如果日常生活中缺少计算,铺张浪费,日久天长即使家财万贯,也会入不敷出,难免落得个家业凋敝的下场。古往今来,有很多这样的例子。

　　《红楼梦》中的贾家,凭仗祖上的世袭爵位,子孙后世享尽荣华富贵。穿的是绫罗锦缎,用的是金银玉器,吃的是山珍海味,每日都是酒海肉山,听曲唱戏,往来应酬都极尽奢侈豪华。秦可卿不过是贾家的一个孙媳妇,年少早夭,丧事办得何其隆重,何其奢华。只因贾蓉没什么官职,为了面子上好看,就花了一千二百两银子买了个龙禁尉的空缺,这样往灵幡经榜上写时就好看了。一个丧事,张张扬扬整整办了一个月,破费了无数银钱。贾家宁国、荣国两府,主仆差役近千人,全都安富尊荣,穷奢极侈,等到被锦衣军查抄之后,才露出真相,贾政查看历年收支账簿才发现"所入不敷所出,又加连年宫里花用,账上有在外浮借的也不少。再查东省地租,近年来所交不及祖上一半,如今用度比祖上更加十倍。"贾政看了这些,急得直跺脚,说:"这了不得!我打量虽是琏儿管事,在家自有把持,岂知好几年头里已就寅年用了卯年的,还是这样装好看,竟把世职奉禄当作不打紧的事情,为什么不败呢!我如今就要省俭起来,已是迟了。"贾家那样一个封建社会世袭爵位的大家族,不能量入为出,勤俭持家,逐渐从家族内部腐朽堕落起来,最后落了个家亡人散的可悲下场。我们现代社会的小家庭,更要把勤俭持家,量入为出作为生活原则,才能维护家庭的和睦幸福。

居家宜为长久计

【原文】

人之居世,有不思父祖起家艰难,思与之延其祭祀,又不思子孙无所凭藉,则无以脱于饥寒。多生男女,视如路人,耽于酒色,博弈游荡,破坏家产,以取一时之快。此皆家门不幸。如此,冒干刑宪,彼亦不恤。岂教诲、劝谕、责骂之所能回?置之无可奈何而已。

【译文】

有些人活在世上,既不考虑祖辈、父辈起家创业艰难,把家业继承下去,也不考虑如果将来家业败落,子孙后代就会失去依靠,难免要忍饥受冻。他们不加节制地生下很多儿女,又对儿女不重视,看作陌路人一样,一味沉溺于酒色之中,赌博下棋,不务正业,败坏了家产,求取一时的享乐。这些人都是家门不幸。这些人连触犯刑律也不害怕,又怎么能用教诲劝导,责骂来使他们回心转意呢?对他们只能是无可奈何,听之任之了。

【评析】

袁采反复告诫后代子孙要常考虑先辈创业艰难,切不可耽于酒色,追求声色犬马的享乐生活。要多替后人打算,尽力把家业维持继承下去。封建社会是世袭制度,官职爵位,可以世袭,祖上功德,可以荫及子孙。但俗话说:"一朝天子一朝臣。"封建君主登基即位后,为了巩固统治,总要扶持一部分人,打击一部分人。宫廷内部的争权夺位,也会牵涉到大臣。《红楼梦》的作者曹雪芹生于一个封建官僚家庭。曹家祖上本是汉人,清初时曹雪芹的高祖曹振彦随清兵入关,立下军功,家族开始发达起来。曹雪芹的曾祖曹玺的妻子当过康熙的保姆,祖父曹寅儿时曾陪康熙读书。有了这样的特殊关系,康熙即位后,曹家倍受恩宠。曹玺被授予江宁织造,此后曹寅及父亲曹頫,伯父曹颙袭任此职,前后长达六十余年。江宁织造名义上是为宫廷采办织物和日常用品,但实际上是康熙派往江南督察军政民情的私人心腹,康熙六次南巡,有四次是曹寅接驾,并以江宁织造府为行宫。当时的曹家可谓显赫一时。

但是康熙死后,曹家也发生了急剧变化。雍正经过复杂的宫廷内部斗争才取得皇位,为了巩固自己的统治,他着手肃清父亲的亲信大臣。

雍正五年,曹頫以"织造款项亏空甚多"等罪名被革职抄家。后又经过一些变故,曹家彻底败落,子弟流落到社会最底层,曹雪芹少年时代家境还兴旺繁盛,败落之后,衣食不得饱暖,过着"举家食粥"的贫困生活,就是在这种穷困潦倒的境遇中,写出了不朽巨著《红楼梦》。

节俭宜持之以恒

【原文】

人有财物,虑为人所窃,则必缄縢扃鐍,封识之甚严。虑费用之无度而致耗散,则必算计较量,支用之甚节。然有甚严而有失者,盖百日之严,无一日之疏,则无失;百日严而一日不严,则一日之失与百日不严同也。有甚节而终至于匮乏者,盖百事节而无一事之费,则不至于匮乏,百事节而一事不节,则一事之费与百事不节同也。所谓百事者,自饮食、衣服、屋宅、园馆、舆马、仆御、器用、玩好,盖非一端。丰俭随其财力,则不谓之费。不量财力而为之,或虽财力可办,而过于侈靡,近于不急,皆妄费也。年少主家事者宜深知之。

【译文】

人们有了财物害怕被他人偷盗,就用绳索捆上,再加上锁,严格地贴上标志和封条。害怕日常花费没有计划而耗散家产,就会精心地计算一切花销。然而也有人虽然对日常花销精打细算,还是破了产,这是因为一百天严格谨慎地花销,没有一天疏忽,才不会破产;一百天在花销上严格谨慎,只有一天疏忽放任,那么这一天的疏忽放任与一百天不严格谨慎造成的后果是一样的。有人十分节俭,但最后还是到了资财匮乏的地步,这就是因为在各种事情上都节俭,那么这一样事情的破费与各种事情都不节俭的后果是一样的。所说的各种事情,就是饮食、衣服、住宅、园林、馆舍、车马、仆人差役、器皿用具、古玩,也不是一两句话能说得清的。对这些事物的使用,丰富或节俭按自己的财力来定,就不算是浪费。不根据自己的财力去做,或是虽然有这份财力却过于奢侈浪费,做不是紧急要办的事,都是乱花费。主持家事的年轻人应该深深清楚这一点。

【评析】

袁采告诫人们,当家理财要以节俭为原则,有些人虽然自认为节俭,但还是到了败家的地步,因为他们不能持之以恒,认为偶尔破费一回是无关紧要的,只在某一件事上破费也无碍大局,袁采指出正是这种疏忽造成了有些人的倾家荡产,要真正做到勤俭持家,就必须年复一年,日复一日地坚持勤俭,就必须在每一件事,每一个细节上坚持勤俭。日常花费,要依据自己财力大小来定,量力而行,量入为出,即使财产丰足,也不可奢侈浪费,这样坚持下去才能保持家业兴旺发达。

袁采关于当家理财物这种主张,在任何社会,任何时代,都是合理的,可行的,在今天的社会主义社会人民生活有了基本保障,社会也繁荣安定,很多人已经淡忘了节俭,在吃穿用上出手大方,毫不吝啬。常见许多中学生追求穿名牌服装,吃西式餐点,骑山地赛车,同学聚会,生日庆典都搞得热热闹闹,有声有色。很多孩子从小被父母娇惯,习惯了奢侈浪费,脑子里没有一点节俭观念,这对孩子的健康成长是没有什么好处的。中国改革开放二十年来综合国力显著增强,人民生活也越来越富裕,但富裕之后就能遗忘节俭吗?古今无数事例告诉我们,忘掉节俭。不论大家也好,小家也好,都有破败的危险。一个家庭要注重节俭,我们十二亿人口的国家更要注重节俭。今年长江流域,东北地区发生百年不遇的洪灾之后,国务院下令减少楼台馆所的建设,减少各类会议,减少到国外考察的团体。这些措施都是以节俭为原则的。做到节俭才能使人民群众万众一心共渡难关,才能使我们的各项事业更加兴旺发达。

凡事有备而无患

【原文】

中产之家,凡事不可不早虑。有男而为营生,教之生业,皆早虑也。至于养女,亦当早为储蓄衣衾、妆奁之具,及至遣嫁,乃不费力。若置而不问,但称临时,此有何术?不过临时鬻田庐,及不恤女子之羞见人也。至于家有老人,而送终之具不为素办,亦称临时。亦无他术,亦是临时鬻田庐,及不恤后事之不如仪也。今人有生一女而种杉万根者,待女长,则鬻杉以为嫁资,此其女必不至失时也。有于少壮之年,置寿衣寿器寿茔者,此其人必不至三日五日无衣无棺可敛,三年五年无地可葬也。

【译文】

一个家财中等的人家,什么事都不能不及早考虑打算。有男孩子的人家要替他找一份生计教给他生财之道,这些都要及早打算。有女孩的人家也要及早为她准备衣物被服、梳妆用具,等到打发她出嫁的时候,就不必再费力筹办了。如果对这些事都置之不理,一旦事到临头,又有什么办法呢?只有临时变卖房产田地,或者根本就不顾及女儿的脸面。

如果家中有老人,平时不把送丧的东西准备下来,等事到临头的时候,也很难想出别的办法,也只好临时变卖田地,或者根本就不顾及后事合不合礼仪制度。现在有人生下女儿就种下一万棵杉树的,等到女儿长大,就卖掉杉树给她做嫁妆,这样她的女儿就不至于因为没有嫁妆而不能嫁人了,有人在年轻力壮的时候,就置办下寿衣寿器还有坟地,这个人就不会死了三五天还没有寿衣棺材可以装殓,死了三五年还没有墓地可安葬。

【评析】

日常生活中无论做什么事,都应预先谋划早作准备,这样才不至于事到临头而束手无策,陷入尴尬难堪的境地。《红楼梦》中秦可卿死前托梦一段故事说的就是这个道理。

秦可卿死前托梦给凤姐,说只有一件心愿未了,凤姐问是什么心愿,秦可卿说:"婶婶,你是脂粉队里的英雄,连那些束带顶冠的男子也不能过你,你如何连两句俗语也不晓得?常言'月满则亏,水满则溢,'又道是'登高必跌重'。如今我们家赫赫扬扬已近百载,一日倘或乐极生悲,若应了那句'树倒猢狲散'的俗语,岂不虚称了一世的诗书旧族了!"听了可卿这番话,凤姐心中十分赞同,便问她如何才能保持家业兴旺,永不败坏,秦可卿说道:"婶子好痴也。否极泰来,荣辱自古周而复始,岂人力能可常保的。但如今能于荣时筹划下将来衰时的世业,亦可谓常保永全了。即如今诸事都妥,只有两件未妥,若把此事如此一行,则后日可保永全了。"

凤姐问她何事,秦可卿说:"目今祖茔虽四时祭祀,只是无一定的钱粮;第二,家塾虽立,无一定的供给。依我想来,如今盛时固不缺祭祀供给,但将来败落之时,此二项有何出处!莫若依我定见,趁今日富贵,将祖茔附近多置田庄房舍地亩,以备祭祀供给之费皆出自此处,将家塾亦设于此。合同族中长幼,大家定了则例,日后按房掌管这一年的地亩、钱粮、祭祀供给之事。如此周流,又无竞争,亦不有典卖诸弊。便是有了罪,凡物可入官,这祭祀产业连官也不入的。便败落下来,子孙回家读书务农,也有个退步,祭祀又可永继。若目今以为荣华不绝,不思后日,终非长策。眼见不日又有一件非常喜事,真是烈火烹油,鲜花着锦之盛。要知道,也不过是瞬息的繁华,一时的欢乐,万不可忘了那'盛筵必散'的俗语。此时若不早为后虑,临期只恐后悔无益了。"

秦可卿死前向王熙凤托梦这一段文字,恰好说明了"事贵预,谋后则失时"这样一个道理。

居官持家本一理

【原文】
居官当如居家,必有顾藉;居家当如居官,必有纲纪。

【译文】
当官应当像当家一样,对百姓要像对待自己的子女一样照顾爱惜;当家也应当像当官一样,用规矩来治家。

【评析】
此则讲的是居官和居家在道理上的相互联系。

封建社会是君主专制政体,皇帝称为"天子",是代表上天来治理人民的,各级官吏称为"父母官",也就是对待百姓要像对待自己的子女一样,好的官吏就如同民之父母。所以袁采说:"居官当如居家。"

这和我们今天的民主思想是根本不同的,今天的民主思想,认为人民是国家的主人,而干部是"人民公仆",这种观念上的变化反映出古今"人民"地位的不同。

"居家当如居官"就是说治家要有纲纪,所谓"没有规矩不成方圆"。

封建社会讲"三纲五常"其中一条就是"父为子纲",父母对儿女有绝对的权威。《红楼梦》中的贾宝玉因为不守封建礼法制度、结交优伶,与母婢往来,所以被父亲贾政狠狠鞭笞了一顿。贾宝玉与林黛玉早已心有灵犀,彼此钟爱,无奈父母相中的是薛宝钗,他竟毫无办法,与宝钗成了婚。封建家庭纲纪严格,所以袁采说"居家如同居官"。

子弟当致学

【原文】

士大夫之子弟,苟无世禄可守,无常产可依,而欲为仰事俯育之资,莫如为儒。其才质之美,能习进士业者,上可以取科第致富贵,次可以开门教授,以受束修之奉。其不能习进士业者,上可以事笔札,代笺简之役,次可以习点读,为童蒙之师。如不能为儒,则医卜、星相、农圃、商贾、伎术,凡可以养生而不至于辱先者,皆可为也。子弟之流荡,至于为乞丐、盗窃,此最辱先之甚。然世之不能为儒者,乃不肯为医人、星相、农圃、商贾、伎术等事,而甘心为乞丐、盗窃者,深可诛也。凡强颜于贵人之前而求其所谓应副;折腰于富人之前而托名于假贷;游食于寺观而人指为穿云子,皆乞丐之流也。居官而掩蔽众目,盗财入己,居乡而欺凌愚弱,夺其所有,私贩官中所禁茶、盐、酒、酤之属,皆窃盗之流也。世人有为之而不自愧者,何哉?

【译文】

士大夫的子弟,如果没有世袭俸禄可以依靠,还想对上侍奉父母,对下养育妻儿,莫不如做儒生。自己有过人的才华,就可以为考取进士做准备,最理想的结果是可以参加科举考试,金榜题名,求得富贵。次一等可以开设私塾,教育学生。靠学生的学费来维持生活。如果没有能力参加科举考试,就可以替人家代写书信。次一等的也可以做孩童的启蒙老师。如果做不了儒生,那就可以去做医生、做僧人道士,做农夫花匠,做商人、做工匠,凡是可以维持生活,又不至于辱没先人的工作,都可以去做。子弟游手好闲,以至于做了乞丐、盗贼,这是最有辱先人的事。世上做不了儒生,又不肯做医生、僧侣、农人、花匠、商人、工匠而心甘情愿去做乞丐、盗贼的人,是最应该谴责的。凡是那些为了求得吃喝而在权贵面前强颜欢笑的;为了借贷钱物而在富人面前卑躬屈膝的;到寺庙道观里去乞讨饮食而被人称为"穿云子"的,都是乞丐一类的人。做官却掩人耳目,贪污受贿,在乡里就欺侮老弱之人,夺取人家的财物,私自贩运国家所禁止买卖的茶盐、酒等东西,都是盗贼一类的人。世上还有人这样做而不自觉惭愧的,为什么呢?

【评析】

这则对子弟的教诲,反映出袁采是一个十分讲究实际的人,用现代人的说法袁采具有"务实精神"。他并不死守封建社会"万般皆下品,唯有读书高"的古训。他教导子弟要想在社会上谋得一席之地,首先应该"习儒业"参加科举考试,这是谋取功名富贵的最佳途径。做了读书人参加不了科举考试,还可以开设私塾,教育孩童,最差也可以代人写书信来养家糊口,只要不做乞丐、盗贼,就不算愧对祖先。农、工、商在封建社会是受人鄙视的职业。大家记得鲁迅小说中的人物孔乙己,他虽沦落到为人家做工来维持生活的地步,可他从内心深处不愿意承认这种地位,还是要把自己同普通农民区别开来。成了"站着喝酒而穿长衫的唯一的人"。袁采从实际出发,认识到生存才是人的第一需要,通过正当的职业来上养父母,下育妻儿不是可耻的事。他对乞丐、盗贼或相当于乞丐、盗贼的人相当鄙视,认为那才是对祖先最大的侮辱。这些都反映出袁采是一位正直的士大夫,不完全受封建思想束缚,具有一定的"务实精神"。

周济当择人

【原文】

人有患难不能济,困苦无所诉,贫乏不自存,而其人朴讷怀愧,不能自言于人者,吾虽无余,亦当随力周助。此人纵不能报,亦必知恩。

若其本非窘乏,而以干谒为业,挟持便佞之术,遍谒贵人富人之门,过州干州,过县干县,有所得则以为己能,无所得则以为怨仇。在今日则无感恩之心,在他日则无报德之事,正可以不恤不顾待之。岂可割吾之不敢用,以资他之不当用?

【译文】

有人遇到了无法克服的祸患困难,无处诉说困苦,贫穷得生活不下去,而这人又质朴木讷,面有愧色,不好意思向人求助。遇到这样的人,我虽然手头也不宽裕,也还是要尽力去帮助周济他。此人即使不能回报,也一定会感激我的恩德。如果有人本来并不贫困,只是到处去权贵富家门前阿谀奉承请求施舍,无论他路过州还是县,他都这么干,得到人家的施舍就吹嘘自己有才能,得不到人家的施舍就和人家结下仇怨。这种人现在不会感激别人的恩德,他日也不会报答别人的恩德,对这种人完全可以不顾念不考虑。怎么能够舍出我平时都不舍得用的钱财,去帮助他干他不该干的事呢?

【评析】

袁采告诫人们扶危济困固然是好事,但也不可失于盲目,应该有所选择,有所区别,帮助那些善良无助、真正需要周济的人。

《红楼梦》中刘姥姥一家,祖上也曾做过官,还和金陵王家认过本家。但家道衰落之后,只靠几亩薄田过日子,生活拮据,临到冬天,棉衣置办不上,过冬的柴米油盐也没个着落。女婿狗儿只顾喝酒生气,刘姥姥实在没办法,便想起要到荣府中走动走动,攀攀旧亲,求些施舍。

对狗儿说:"要是他发一点好心,拔一根寒毛比咱们的腰还粗呢。"于是刘姥姥带着外孙子板儿来到荣府,求王夫人的陪房周瑞家的带领她去看了凤姐,说起生活贫苦,无法过冬的事,王熙凤当然明白她的来意,也没很拿架子,打发她祖孙俩吃了饭,又送了二十两银子,并一吊钱,让她雇车回去。刘姥姥接了银子,真是欢天喜地,感激不尽。回去后置办了过冬物品。余下的银子又买了几亩田地,从此一家人勤于耕作,日子竟也慢慢地好起来了。此后刘姥姥又几次进过荣府,每次都带上些新摘的瓜果蔬菜,和贾母、太太、小姐们宴饮游玩,大家也乐于拿她取乐,逗贾母开心。回去的时候,太太小姐们总要送她许多银钱,衣物,各色物品等。贾家被抄家败落后,刘姥姥不嫌他们失势,还去府中探望,王熙凤病危之际,把女儿巧姐托付给她照管。

刘姥姥这样的贫苦人家应该被帮助、被接济。而且刘姥姥知恩图报,在贾家危难之时,帮了他们的忙。

虽贫亦不可轻受人恩

【原文】

居乡及在旅,不可轻受人之恩。方吾未达之时,受人之恩,常在吾怀,每见其人,常怀敬畏,而其人亦以有恩在我,常有德色。及吾荣达之后,遍报则有所不及,不报则为亏义,故虽一饭一缣,亦不可轻受。前辈见人仕宦而广求知己,戒之曰:"受恩多,则难以立朝。"宜详味此。

【译文】

在乡里居住,或是寄居在外,都不能轻易接受人家的恩惠。在我没有发达的时候,受了人家的恩惠,常常要记在心里,每次见到施恩于我的人,心里都很敬畏。而那人也因为觉得有恩于我,所以在神色上常常表现出来。等到我荣耀显达以后,要想报答所有有恩于我的人,恐怕也很难做到,不报答人家的恩情又觉得理亏。因此,即使是一顿饭,一丝绢,也不能轻易接受。前辈看见有人做官时广求知己,告诫他说:"受别人的恩惠多,就很难在朝廷中立住脚。"应该好好地体会体会这句话。

【评析】

袁采这条"不可轻受人恩"的训诫,在今天看来也有它的可取之处。

我们在生活中也有这样的经验,受了别人的小恩小惠,办起事来就会碍于情面,受人牵制,最后自己吃了大亏。我们的国家公务人员更应该警惕这一点,切不可接受别人的请客送礼,否则被人握住把柄在执行公务时,难免被人牵制,徇情枉法,做出违法乱纪的事来。所以说袁采这种"不可轻受人恩"的观点在今天也有它的现实意义。

受恩必报

【原文】

今人受人恩惠多不记省,而人所急于人,虽微物亦历历在心,古人言:施人勿念,受施勿忘。诚为难事。

【译文】

现在的人接受了别人的恩惠大多不记在心里,但是如果有恩于别人,即使给了别人微不足道的东西,也要清清楚楚记在心里。古人说:不要记住你对他人的恩惠,不要忘掉他人对你的恩惠。能做到这一点确实是很困难的事。

【评析】

知恩图报是中华民族的传统美德,中国人自古以来就重视报恩,正如俗语所说:"受人滴水之恩,当涌泉相报"。因此,流传下了许多知恩图报的佳话。

唐朝贞观年间,博州在平县有一个叫马周的人。这位马周自幼父母双亡,一贫如洗,已经年过三十,尚未娶妻。但他自幼饱读诗书,学富五车,志向远大。只是无人举荐,所以不得进入仕途,他自感怀才不遇,因此每天借酒浇愁,酒后又狂言乱语。博州刺史知他有才学,聘他做了州里一个小学官。但马周仍旧每天狂饮滥醉,屡被刺史责骂,因此他一气之下,脱了官服,决心进京求取功名。

一日马周来到新丰市上,看看天色已晚,便步入一家客店。店主人王公殷勤招待,为马周备上了一桌饭菜,马周要了五斗酒,举杯独酌,旁若无人,只喝了三斗,把其余的酒倒入盆中,作了洗脚水。店主王公见此情景,大为惊奇,心下思量,这人定不是一个平常之辈。马周安歇一夜,次早起来,王公招待他吃过早饭,马周身无财物,便脱下一件狐裘,递与王公当作酒饭钱,王公见他如此慷慨,更兼狐裘价重,再三推辞不受。问马周欲将何往,马周答说欲往长安求取功名。王公便说:"我有个外甥女嫁在长安万寿街卖饼的赵三郎家,你去她那里借住,甚是稳妥。"与马周写了书信,又赠与白银一两,当作路费,马周心内感激,说道:"他日博取功名,决不相忘。"

马周到了长安,找到卖饼的赵家,原来赵三郎三年前便已亡故,只有王公的外甥女儿守寡在家,生得也是面容俊美。马周借住她家,一日三餐,殷勤款待。后来马周认识了中郎将常何,为常何写了二十条治国表章,太宗皇帝见了表章，句句切中事理，便问是谁作的，常何哪敢隐瞒，把马周举荐给皇上，马周向皇帝献出治国平戎之策，皇帝听了大喜，拜他为监察御史。常何与马周做媒，娶了王公的外甥女儿为妻。马周才学深得皇帝赏识，不出三年，就做了吏部尚书。

且说店主王公听说马周显荣发迹，便到长安看他，先到了万寿街，打听到外甥女儿已经嫁人，而且嫁的就是马尚书，王公欢喜异常，即时寻到尚书府，与马周夫妇相见。王公与他夫妇叙了别后旧话，住了月余，马周加以款待，临行，又赠与王公黄金千两，以报他当年之恩。历史上便传下了马周报恩这段佳话。

人情固有厚薄

【原文】

人有居贫困时，不为乡人所顾，及其荣达，则视乡人如仇雠。殊不知乡人不厚于我，我以为憾；我不厚于乡人，乡人他日亦独不记耶？但于平时薄我者，勿与之厚，亦不必致怨。若其平时不与吾相识，苟我可以济助之者，亦不可不为也。

【译文】

有人在贫困的时候，没有得到乡里人的照顾，等到他荣耀显达以后，就把乡里人视作仇人。殊不知乡里人当初不厚待我，我感到怨恨，我不厚待里人，乡里人他日难道就不记得了吗？只是对那些平时鄙薄我的人，不与他深交也不必怨恨他。对那些平时和我不相识的乡里人，如果我能周济帮助他，也不能不这样做。

【评析】

世态炎凉，人情冷暖，自古莫不如此。对于人情世故，不必斤斤计较。睚眦必报，必然有失豁达大度的风度。宽容仁厚才会更加受人尊重。汉代名将李广被免职后，闲居家中。适逢颍阴侯灌强也退职隐居在蓝田县，两人交谊很好，经常一起到南山打猎。一次李广打猎晚归，又在田间和众人喝了些酒，已是半夜时分，骑马来到霸陵亭。霸陵是汉文帝的陵墓，朝廷有令，夜间此地不许人通行。驻守此处的霸陵尉那晚也喝醉了酒，呵止李广。李广说："我是过去的李将军。"霸陵尉借酒发威，训斥李广说"现任将军还不能夜行，更何况是过去的将军呢？"遂让李广和从人住在亭下。没过多久，匈奴犯境，皇帝召拜李广做右北平太守，抗击匈奴。李广命令霸陵尉和他同去，到了军中就斩了霸陵尉。

李广一生英明赫赫，只有这件事做得气量狭小，在历史上留下了不光彩的一笔。

淮阴侯韩信年轻时，家贫，他又不务正业，常到别人家混吃喝，大家都厌恶他，韩信到城外钓鱼，有一位漂母不忍见他挨饿，接连几十天管他饭吃。韩信说："我将来一定重重报答您。"

淮阴市中有年轻人欺侮韩信，说："你虽然长得高大，又喜欢带刀剑，但你内心怯懦。"并且当众侮辱他说："要是你不怕死，拿刀刺我，要是你怕死，从我胯下钻过去。"韩信仔细打量他一番，俯身从他胯下钻过。

后来韩信跟随刘邦,在垓下消灭项羽后,被立为楚王。韩信不忘旧恩,找到漂母,赠予千金。又找到当年侮辱自己的年轻人,没有杀他,而是封他做了楚中尉。表现了一种虚怀若谷,不念旧恶的王者风范。

以直报怨

【原文】

圣人言"以直报怨",最是中道,可以通行。大抵以怨报怨,固不足道,而士大夫欲邀长厚之名者,或因宿仇,纵奸邪而不治,皆矫饰不近人情。圣人之所谓直者,其人贤,不以仇而废之;其人不肖,不以仇而庇之。是非去取,各当其实。以此报怨,必不至递相酬复无已时也。

【译文】

圣人说:"对待仇怨,须以正直之道来对待。"这句话最符合中庸之道,可以通行无阻。一般来说,以怨报怨的说法当然不足称道,而有的士大夫为了博取仁厚长者的名声,放纵奸邪之人而不去惩治,都是虚伪不合情理的做法。圣人所说的正直,就是他人贤德,不因仇怨而废掉人家;他人不肖,也不因为仇怨而庇护他。是非取舍应当根据实际情况来定。以直报怨,就不会无休无止地互相报复了。

【评析】

以直报怨,能反映出一个人不计前嫌,宽容大度的品格。历史上有很多这样的故事。

春秋时,齐襄公荒淫无道,和鲁桓公的夫人私通,又派人杀了鲁桓公。喜好女色,滥杀无辜,引起了人民的愤怒。襄公的几个弟弟怕祸及自身,便都逃往国外。公子纠逃到了鲁国,因为纠的母亲是鲁国人,管仲和召忽辅佐公子纠。公子小白投奔到莒国。公孙无知等人发动叛乱,杀了襄公,公孙无知做了齐君,不久公孙无知也被人杀了。齐国无君,齐大夫高傒等人秘密地通知小白要他回国,立他为君。鲁国听说公孙无知被杀,也发兵护送公子纠回国,两伙势力在归国路上发生了战斗。管仲一箭射中了小白、幸好射中的是衣带钩。小白佯装被射死,坐在车中回到齐国。因此小白被立为齐君,就是历史上著名的齐桓公,打败了鲁国。鲁国惧怕齐国,只得杀了公子纠,召忽自杀殉难,管仲被囚送到齐国。

齐桓公素知管仲是一代贤才,不但不计前嫌,没有杀掉这个曾射中他衣带钩的人,还重用管仲,让他治理齐国。齐桓公可谓是"以直报怨"的典型了。管仲也没有辜负桓公的好意,采取了一系列政治措施,不出几年,齐国就已经国富兵强。齐桓公在管仲的辅助下,九合诸侯,一匡天下,成为著名的春秋五霸之一。

万般无奈方诉讼

【原文】

居乡不得已而后与人争,又不得已而后与人讼,彼稍服其不然则已之,不必费用财物,交结胥吏,求以快意,穷治其仇。至于争讼财产,本无理而强求得理,官吏贪谬,或可如志,宁不有愧于神明!仇者不伏,更相诉讼,所费财物,十数倍于其所直,况遇贤明有司,安得以无理为有理耶?大抵人之所讼互有短长,各言其长而掩其短,有司不明,则牵连不决。或决而不尽其情,胥吏得以受赇而弄法,蔽者之所以破家也。

【译文】

住在乡里面,实在没办法,才能和别人争论,争论了不能解决,才能和别人打官司。如果对方认了错就算了,不必耗费财物去勾结官吏,严惩对方,从而还求得自己满足。至于和人打官司争夺财产,本来就是没理而夺理。遇到贪官污吏也可以使自己得到满足,但是这样做难道就不有愧于神明吗?对方不服判决,还要上诉,这样所耗费的钱财,比所要争夺的东西要贵上十倍。况且遇到贤明的官吏,怎么能够把无理说成是有理呢?一般来说,打官司的人都各有长短,各自说自身的长处而遮掩起短处,官吏不能明察,就会牵牵连连,无法判决。或者是不按实情判决,官吏贪赃枉法,头脑糊涂的人会因此而破了家产。

【评析】

袁采告诫人们打官司要适可而止,切不可得理不饶人,或是无理搅三分,那样最终受害的只能是自己。

此则语录袁采直言官吏收受贿赂,贪赃枉法,让人们对封建吏治的黑暗也有所认识。

卷下

治家

严防门户安全

【原文】

人之治家,须令垣墙高厚,藩篱周密,窗壁门关坚牢,随损随修。

如有水窦之类,亦须常设格子,务令新固,不可轻忽。虽窃盗之巧者,穴墙剪篱,穿壁决关,俄顷可辨。比之颓墙败篱、腐壁敝门以启盗者有间矣。且免奴仆奔窜及不肖子弟夜出之患。如外有窃盗,内有奔窜及子弟生事,纵官司为之受理,岂不重费财力!

【译文】

人们住的地方,必须把院墙垒得高而厚实,围栏修得结实而严密,窗户、墙壁的关键枢纽要做得坚固牢靠,并且随时有损坏,随时修缮。

如果有水道通向院外,也必须在水道口设置格子,并且这些格子务必让它总是保持新的和坚固的,对此切不可轻视。如果这样,即使窃贼身手灵巧,在墙上挖洞,剪断围栏,弄开门栓花不了多少时间,但是总比残墙败篱腐壁破门来招惹强盗要好。而且,还可以防止奴婢们随处奔窜和不肖子弟夜里偷偷溜出去惹事。如果外面有窃贼,里面有奴婢四处奔窜,子弟外出惹事,纵使官府管理此事,你自家难道不也要破费钱财吗?

【评析】

所居之屋应使其严实,一来外防窃贼,二来以防不测。否则,会招致不测之祸,到时后悔就来不及了。这则家训告诉我们:凡事预则立,不预则废。

僻静之地，聚众而居

【原文】
居止或在山谷村野僻静之地，须于周围要害去处置立庄屋，招诱丁多之人居之。或有火烛、窃盗，可以即相救应。

【译文】
居住在山谷等一些偏僻的地方，必须在房子周围的要害处设立田庄，用来招引人口多的家庭来居住，遇有火灾或盗贼可以及时相救。

【评析】
偏僻幽静之地，常为强盗出没抢劫之所，所以在此居处的人家，最好要结伴而居，否则"孤雁难成行"。这则家训提示我们：人为群居的动物，聚集人气方能平安无事。

夜间谨防盗

【原文】

凡夜犬吠,盗未必至,亦是盗来探试,不可以为他而不警。夜间遇物有声,亦不可以为鼠而不警。

【译文】

凡夜里有狗叫,不是盗贼已经来,也是盗贼来试探,千万不要以为是其他事情而放松了警觉。夜里听到响声,也不要以为是老鼠,就不警惕。

【评析】

狗能守夜防盗,鸡会啼叫报晓,都对人很有用;在这方面,人如果不学习毫无特长,恐连"狗""鸡"的这种本领也不会有,又怎么能称得上是万物之灵的人呢?

狗的嗅觉灵敏,警觉性高,忠心守卫,没有懈怠。夜间如有陌生人闯入主人住宅,狗就会大声吠叫,并勇敢地与入侵者搏斗。因此,凡是在条件允许的地方,人们常养狗来守夜防盗。此外,狗与猫相比,狗忠贞不二,不嫌贫爱富。狗不仅能守夜防盗,而且还能救护主人。

晋元帝大兴年间,吴地(今江苏)一带有个人叫华隆,养了一条猛狗,取名"的尾"。"的尾"体大、凶猛,常跟随在主人后面,像卫兵一样保卫着主人。

华隆喜欢到野外打猎。有一次华隆打猎后在江边大树下休息,不料从身后窜出一条巨蛇缠住了他。华隆拼命挣扎,并呼叫蛇越缠越紧,华隆呼吸急迫,不一会就失去了知觉。"的尾——的尾——"在远处寻觅猎物的"的尾"像听到主人在呼唤,吠叫着奔到树下。巨蛇见"的尾"冲来,吐舌如火,向"的尾"示威。"的尾"眼看主人生命垂危,不顾一切咆哮着扑向巨蛇,勇猛地咬断了蛇的脖子,救下了主人。

华隆被"的尾"救下后,仍然昏迷不醒,"的尾"围着华隆身边团团转,想把他叫醒来,但是华隆仍无动静,此时四周空旷了无人影。突然,"的尾"像想起了什么似的,飞快往家里跑,在主人家门前徘徊嗥叫。家里人听了很奇怪,就跟随他来到大树下,这才救了华隆。过了两天两夜,华隆才苏醒过来。

当他知道是"的尾"救了他的命,又是感激,又是疼爱,从此对待它像自己的亲人一样。

狗能守夜,是天生就会的。人可没有什么天生就有的本领,要掌握一技之长,非靠学习不可。

宅院夜间宜巡逻

【原文】
屋之周围须令有路,可以往来,夜间遣人十数遍巡之。善虑事者,居于城郭,无甚隙地,亦为夹墙,使逻者往来其间。若屋之内,则子弟及奴婢更迭巡警。

【译文】
房子的周围必须要有走路的地方,这样人们可以来往,夜里要派人多次巡逻。善于考虑事情的人,即使居住在城市,房子与房子之间没有空地,也要设法建造夹墙,以便让巡逻者能在房子之间走动。如果在屋子里,则由子弟和奴婢们轮流值班。

【评析】
地上原本无路,走的人多了也便成了路。"路"是人行的通道。人们建造房屋要留余地,以便成为日后通行的道路,人与人之间相交,要修好人际关系,以防日后"马高镫短"别人相助。人们平日说话也要留有余地,不要说大话,否则吹牛过度,让人揭穿一则脸红,二则没有退路。如此等等,都说明了这样一个道理:人们做事要留余地。这则家训指出"防盗宜巡逻,巡逻必走道,有道才畅行。"

穷盗勿追

【原文】

夜间觉有盗,便须直言:"有盗。"徐起逐之,盗必且窜。不可乘暗击之,恐盗之急以刀伤我,又误击自家之人。若持烛见盗,击之犹庶几,若获盗而已受拘执,自当准法,无过殴伤。

【译文】

夜里发觉盗贼入室,就应当直截了当地呼叫:"有盗贼!"然后,才再慢慢起身去追赶他。盗贼知道自己已被发现,必然会抱头鼠窜。这时不要乘着黑暗去追袭盗贼,否则怕盗贼在情急之中会用利刃伤害你,还会误伤自己家人。如果拿着蜡烛与盗贼相遇,打击盗贼是不得已的。如果盗贼已经被抓获,应当按国家的法律办事,不要过多地殴打他。

【评析】

古语有"穷寇勿追",说的是"穷途末路"的盗贼不要去追赶。因为他们到了这个份上,什么也不顾忌,你如果追赶得急了,他们什么事都能干得出来,这时候吃亏的必然是你。这则家训说明:无论做什么事都要讲求"法度",千万不要得理不让人,痛打落水狗。

少蓄积,慎防盗

【原文】

多蓄之家,盗所觊觎,而其人又多置什物,喜于矜耀,尤盗之所垂涎也。富厚之家若多储钱谷,少置什物,少蓄金宝丝帛,纵被盗亦不多失。前辈有戒其家:"自冬夏衣之外,藏帛以备不虞,不过百匹。"此亦高人之见,岂可与世俗言!

【译文】

家里有许多储蓄的人家,就是盗贼所觊觎的对象,有些人又过多地置办财物,并喜欢向人炫耀。富足盈实的人家,如果多储存些钱谷,少存一些金帛、丝宝之类的东西,即使家中被盗损失也不会太大。一位前辈曾告诫他的家人:"除了冬夏衣物之外,家中储藏绢帛以备不测,不要超过百匹。"这也是高人的见解,难道能与世俗的人说吗!

【评析】

守财奴、悭吝者固然不好,但最起码他不令引来盗窃和杀身之祸。

显财露富者往往喜欢夸耀其财富,结果是招贼引盗。

防盗宜得法

【原文】
劫盗有中夜炬火露刃,排门而入人家者,此尤不可不防。须于诸处往来路口,委人为耳目,或有异常,则可以先知。仍预置便门,遇有警急,老幼妇女且从便门走避。又须子弟及仆者,平时常备器械,为御敌之计。可敌则敌,不可敌则避。切不可令盗得我之人,执以为质,则邻保及捕盗之人不敢前。

【译文】
盗贼半夜打着火把、手持利刃破门而入室抢劫,这种情况尤其不能不防备。因此,必须在各处来往的交通路口,派人望风,如果有异常情况,就可以事先知道。同时,还要在家里设置一个便门,遇到紧急情况时,老人、小孩和妇女能及早从便门逃出。还必须让家中的子弟、仆人平时要备有武器,用来防御盗贼。盗贼来犯,能打就打,不能打就退,千万不能让盗贼抓住家人为人质。不然的话,保丁和捕盗的人,就不敢贸然上前去抓捕。

【评析】
"好汉不吃眼前亏"。对于盗贼首先要加强防范不给其以可乘之机。
如果盗贼贸然来犯要坚决抵抗,并且要机动灵活,打与退要相机而动。
特别要注意的是家人不要被抓住,当作"人质"和盾牌,那样必然使自己处于进退两难的境地。

为富不仁盗亦恨

【原文】

劫盗虽小人之雄,亦自有识见。如富家平时不刻剥,又能乐施,又能种种方便,当兵火扰攘之际,犹得保全,至不忍焚毁其屋凡。盗所快意于焚掠汗辱者,多是积恶之人。富家各宜自省。

【译文】

盗贼虽说是小人中的英雄,但也有他自己的见识。富有人家如果在平时不是对穷人苛刻盘剥,而且又乐善好施,又能为人们提供各种方便。于是,在盗贼烧杀抢掠的时候,仍然还是会保全他们,并且,也不忍心烧毁他们的房屋。盗贼们大肆抢劫杀戮的家庭,大多是那些罪恶累累、为富不仁的人。因此,富有人家应当自我反省自己的所作所为。

【评析】

"多行不义必自毙",对此连强盗、土匪都能恪守,世人所为应以此为戒,多做义事、善举,这样就会或迟或早得到善报。

失物不可乱猜疑

【原文】

家居或有失物,不可不急寻。急寻,则人或投之僻处,可以复收,则无事矣。不急,则转而外出,愈不可见。又不可妄猜疑人,猜疑之当,则人或自疑,恐生他虞;猜疑不当,则正窃者反自得意。况疑心一生,则所疑之人揣其行坐辞色皆若窃物,而实未尝有所窃也。或已形于言,或妄有所执治,而所失之物偶见,或正窃者方获,则悔将何及?

【译文】

家中过日子,有时不免会丢失东西,对此,不能不赶快寻找。如果你及时寻找的话,偷窃的人看见风声太紧,就会把东西扔到僻静处,你就可以把失物找回去。如果东西丢失后,不是马上寻找,丢失的东西就会被小偷转移出去,就更不能找到了。另外,家里丢失了东西,不要随便猜疑人。因为,如果猜中了,小偷就会感到心虚,恐怕会生出其他的事情;如果猜疑不当,那样偷东西的人会反而感到高兴。何况疑心一生,你看到的被你怀疑的人的一举一动、一言一行都像偷东西的人,但是,实际上被怀疑的人并没有偷东西。有时你把这种怀疑说出去,有时没有任何根据地把被怀疑的人抓去治罪,丢失的东西却又找到了,或者是真正偷东西的人刚刚被抓住,这时,你再后悔也无济于事了?

【评析】

古有寓言"人有亡斧者"。说的是一个人家丢了一把斧头,就怀疑为邻居儿子所为,于是,他看到邻居儿子的一举一动都像偷斧子的样子,结果冤枉了邻居的儿子。这则寓言告诉人们:丢了东西不要轻易怀疑别人,否则,既不利于寻找丢失的东西,又不利于抓住真正的贼,结果是偷东西的未必可恶,丢东西的人反而由于乱怀疑人则显得不令人同情,反而让人生厌。

和睦邻居以防不虞

【原文】

居宅不可无邻家,虑有火烛,无人救应。宅之四围,如无溪流,当为池井,虑有火烛,无水救应。又须平时抚恤邻里有恩义,有士大夫平时多以官势残虐邻里,一日为仇刃人其家,火其屋宅。邻里更相戒曰:"若救火,火熄之后,非惟无功,彼更讼我,以为盗取他家财物,则狱讼未知了期。若不救火,不过杖一百而已。"邻居甘受杖而坐视其大厦为灰烬,生生之具无遗。此其平时暴虐之效也。

【译文】

你居住的家,周围不可没有邻居。不然的话,一旦遇有火灾,就没有人前来救应。住宅的周围,如果没有溪流,应该挖个水池或水井,否则,一旦不慎失火,就没有水用来扑火。此外,与邻居相处还应该在平时与邻里搞好关系。有位士大夫平日倚仗权势残害相邻。一天,有仇人来杀他的家人,烧他的房子,邻居不但不救,反而互相告诫说:"如果大家去救火,火被扑灭后,不但没有功劳,反而还要诬告你偷了他家的钱财,那样官司不知要打到什么时候。如果我们不去救火,顶多不过被打一百杖而已。"对这样的人家,邻居们甘愿被杖打一百,也不愿意去救火,而眼看着他的家化为灰烬,生活用具、物品被烧光。这是他平日残害邻居百姓的报应。

【评析】

俗话说:"远水难救近火,远亲不如近邻。"形象地说明了睦邻的重要性。事实也确实如此,邻居相处,平时可以互相照看,紧急时可以互相帮助。但也因为邻居之间接触的机会较多,有时会因为一些小事发生纠葛,这就要求互相体恤、谅解,不要伤了和气。尤其是因为孩子之间的小纠纷,更不能听一面之词后就火冒三丈,兴师问罪,要尽量问清事由,冷静地妥善处理,尽量保持和睦友好的关系。这则家训中的例子说明:如果平时不与邻居和睦相处,特别是倚仗权势欺压邻里,到了关键时候,特别需要人帮助的时候,就不会有人出手相助。它告诉我们不仅自己要与邻里保持友好关系,还应该教育子女,对于邻人要恭敬有礼,谦虚谨慎,多做好事,和睦相处。

火起多由厨灶

【原文】
火之所起,多从厨灶。盖厨屋多时不扫,则埃墨易得引火,或灶中有留火,而灶前有积薪接连,亦引火之端也。夜间最当巡视。

【译文】
家中起火,大多是从厨房、灶台开始的。这大概是因为厨房长久不打扫,烟油污垢积得多了,就容易引起火灾。有的是由于火灶中留有余火,而且灶前又有干柴堆积,二者相遇,极易引起火灾。所以,厨灶是夜间巡视最应该去的地方。

【评析】
居家过日子不能没有锅灶,但是如果锅灶使用不当,引发火灾,就会屋毁人亡。因为凡有家,必搭锅盖灶,因此家庭防火重点在锅灶。

起居慎防火

【原文】

烘焙物色过夜,多致遗火。人家房户,多有覆盖宿火而以衣笼罩其上,皆能致火,须常戒约。

【译文】

烘烤东西过夜,多会引发火灾。大多数人家夜间都习惯把火压住,并把衣笼放在火上烧烤。这些都能导致火灾。因此,必须经常告诫家人,夜间注意。

【评析】

夜间压火弊大利小,居家过日子应明察。断不可图一时的方便,酿终身的遗憾。

室外防火亦重要

【原文】
蚕家屋宇低隘,于炙簇之际,不可不防火。农家储积粪壤,多为茅屋,或投死灰于其间,须防内有余烬未灭,能致火烛。

【译文】
养蚕人住的房子低矮,烧烤草靶子的时候,不能不注意防火。农户储存粪肥的地方大都是茅屋,如果往茅屋倒草木灰时,必须防止灰中有余火没有熄灭,否则,就能引发火灾。

【评析】
不灭星火,必酿大灾,防火如此,其他亦然,防微杜渐就是这个道理。

特别情境,更应防火

【原文】

茅屋须常防火;大风须常防火;积油物、积石灰须常防火。此类甚多,切须询究。

【译文】

茅屋必须经常注意防火,大风天必须注意防火,油物、石灰积聚的地方必须注意防火。像这样需要防火的地方很多,千万必须仔细小心。

【评析】

人之生存,须臾离不开水、火,但又时刻注意防水防火。

小儿银饰易致祸

【原文】

富人有爱其小儿者,以金银宝珠之属饰其身。小人有贪者,于僻静处坏其性命而取其物,虽闻于官而置于法,何益?

【译文】

富有的人家喜欢自己的小孩,就用金银珠宝之类制成的装饰品打扮他。有贪财的小人为了得到这些饰品,就会在僻静无人的地方,杀死孩子,而夺走他身上的饰物。即使你报了案,官府也将其法办,但又有什么益处呢?

【评析】

"人为财死,鸟为食亡"。说的是有的人为了获取财物,不惜冒死铤而走险,无所不用其极。更何况让没有一点防卫能力的孩子穿金戴银,就为贪财之人提供便利,成为涉猎的对象。这种作法,与其说是爱,不如说是害。这件事告诉我们两个道理:一是图财害命者当诛;二是富有者不要显富,有智之人都知道守拙的道理,正因其善于守拙才成为智者。正如古人所言:"言语忌说尽,聪明忌露尽,好事忌占尽"。

小儿不可独自外出

【原文】
市邑小儿,非有壮夫携负,不可令游街巷,虑有诱略之人也。

【译文】
城市里的小孩子,如果没有身强力壮的男子携带,就不要让他到街巷里去玩耍,以防止那些拐骗小孩的人。

【评析】
这句话讲的是,没有成年的小孩,需要身强力壮的男子携带才能到街巷去玩耍,不然的话,恐怕骗子拐带。果真如此吗?也不见得。《水浒传》所载:梁山好汉为"逼"朱仝入伙梁山聚义,吴用略施小计在元宵节把朱仝看管的小孩拐骗,被莽撞的李逵杀死,致使朱仝万般无奈只得投奔水泊梁山。朱仝可谓身强力壮,且又武艺高强,但在此等情形下,又怎能保全一个无辜的孩子呢?

谨防孩童临危

【原文】

人之家居,井必有干,池必有栏,深溪急流之处,峭险高危之地,机关触动之物,必有禁防,不可令小儿狎而临之。脱有疏虞,归怨于人,何及?

【译文】

家里有水井的人家,必须要围上栏杆,有池塘的,一定要安上栅栏。

有深溪急流、峭崖险滩等又高又险的地方以及设有机关的地方,必须严加防范,不能让小孩接近。否则,一时疏忽,出了危险,归怨于人,也来不及了。

【评析】

高、深、险要之地都要成为小孩的禁地。为人父母者要时刻告诫自己的孩子远离这些地方,以免出现意外。否则,就是《三字经》上所言的"养不教,父之过",酿成大祸,抱怨终身。

待客不宜强进酒

【原文】

亲宾相访，不可多虐以酒。或被酒夜卧，须令人照管。往时括苍有困客以酒，且虑其不告而去，于是卧于空舍而钥其门，酒渴索浆不得，则取花瓶水饮之。次日启关而客死矣。其家讼于官。郡守汪怀忠究其一时舍中所有之物，云"有花瓶，浸旱莲花"。试以旱莲花浸瓶中，取罪当死者试之，验，乃释之。又置水于案而不掩覆，屋有伏蛇遗毒于水，客饮而死者。凡事不可不谨如此。

【译文】

亲戚、宾客互相来访，不要强迫对方喝酒。有的人如果喝醉了酒，晚上睡觉，一定要有人照看。从前，括苍曾有为留住客人的人，就用酒把客人灌醉了，又怕他酒醒后不辞而别，于是就把他锁在一间空房子让他睡觉。客人由于喝了酒口渴就找水喝，没有找到，于是就把花瓶里的水喝了。第二天，主人开门一看，客人已经死了。死者家人告到官府。

郡守汪怀忠追究一个人当时屋子里有什么东西，此人说："有一个花瓶，浸泡旱莲花。"于是，他用旱莲花浸泡在水中试验，让一个判了死囚的犯人喝下，死囚果然就死了，案子才了结。又有主人在屋子里留下水，但是水碗没有加盖子，屋子里有毒蛇，把毒液滴到了水中，客人饮了以后而死亡。因此，干什么事情都不能像这样不谨慎的。

【评析】

"酒能益人，亦能损人"。酒作为饮料，有悠久的历史，也有许多功用。曹操曾赞叹道："何以解忧，唯有杜康。"李白曾言："人生得意须尽欢，莫使金樽空对月。"韩愈慨叹："一年明月今宵多，人生由命非由他，有酒不饮奈若何！"正因为如此，人们邀朋聚友要饮酒，欢乐喜庆要饮酒，消愁解闷要饮酒，举家搬迁要饮酒。同时，酒可以使人受益，作为一种养生手段，常常有节制极少量地饮一点酒，可以活络全身的血脉，可以提神壮阳抵御寒冷，是于身体有益的。但是，酒这种东西香醇诱人，也极易令人喝起来忘记节制，过度饮酒，令使神经麻痹，大伤元气了。上述家训所指就是过多饮酒造成的。它告诫人们，饮酒不要过多，更不要强迫客人多饮酒，否则会酿出大祸。

谨防仆人奸盗

【原文】

清晨早起,昏晚早睡,可以杜绝婢仆奸盗等事。

【译文】

清晨起床要早,晚上睡觉要早,这样就可以杜绝仆人和婢妾之间通奸和盗窃之类的事情发生。

【评析】

郑瑄有言:"口中言少,心头事少,肚中食少,自然睡少,依此四少,神仙可了。"早睡早起,有利健康,免除是非,这正应了中国"不觅仙方觅睡方"的古训。

居家不宜赌博

【原文】
士大夫之家,有夜间男女群聚而呼卢至于达旦,岂无托故而起者。试静思之。

【译文】
士大夫之家,有的在夜里男女群聚在一起赌博,通宵达旦。难道就没有借故而离去干坏事的吗?请仔细考虑。

【评析】
"物以类聚,人以群分"。但是众人群聚,难免有不安分守己的人混杂其中,伺机干一些违犯法纪的坏事,结果败坏了其他人的名声。此则家训告诉我们,结交朋友要慎重,不与不善者为伍。

仆佣当选勤谨朴实

【原文】

人家有仆,当取其朴直谨愿,勤于任事,不必责其应对进退之快人意。人之子弟不知温饱所自来者,不求自己德业之出众,而独欲仆者俏黠之出众,费财以养无用之人,固来甚害,生事为非,皆此辈导之也。

【译文】

雇有仆人的人家,应当选聘朴实、正直、谨慎的人,选聘的人要勤奋做事,不一定非要他能做到言语行为恰如其分。有的人家的子弟不知温饱从哪儿来,不追求自己的品德和学业出众,而单独要求仆人俊俏聪慧而出众。花费钱财用来供养无用的人,固然没有什么大害,但惹是生非,都是这些人制造的。

【评析】

传曰:"民生在勤、勤则不匮。"治家者,不但自己要勤,还要选聘勤劳的雇员,在这方面不要只看员工是否机灵和聪慧,更要看其是否有好的品质和克勤克俭的良好习惯,因为"勤能补拙",治家、创业者不可不牢记。

轻浮诡诈之仆不可用

【原文】

仆者而有市井浮浪子弟之态,异巾美服,言语矫诈,不可蓄也。蓄仆之久,而骤然如此,闺阃之事,必有可疑。

【译文】

雇用的仆人如果有世俗轻浮放荡子弟的姿态,喜欢穿奇装异服,说话虚假而诡诈,不能留用。如果仆人用了很长时间,突然间变得如此,那么,闺门之内,必定有值得怀疑的地方。

【评析】

"轻诈之仆不可蓄",轻浮之人不可交,势利之人不可用。如何识别这种人呢?要通过他的穿着打扮、言谈举止来判断。言为心声,一个人说什么样的话,怎样说,直接体现他的内心世界。一个人穿什么样的衣服,直接反映了他的修养和情操。交友、识才、用人不可不明察。

贪生乃人之本性

【原文】

　　飞禽走兽之与人,形性虽殊,而喜聚恶散,贪生畏死,其情则与人同。故离群则向人悲鸣,临庖则向人哀号。为人者既忍而不之顾,反怒其鸣号者有矣。胡不反己以思之?物之有望于人,犹人有望于天也。物之鸣号有诉于人,而人不之恤,则人之处患难、死亡、困苦之际,乃欲仰首叫号,求天之恤耶!大抵人居病患不能支持之时,及处囹圄不能脱去之时,未尝不反复究省平日所为,某者为恶,某者为不是,其所以改悔自新者,指天誓日可表。至病患平宁及脱去罪戾,则不复记省,造罪作恶无异往日。余前所言,若言于经历患难之人,必以为然。犹恐痛定之后不复记省,彼不知患难者,安知不以吾言为迂?

【译文】

　　飞禽走兽与人相比,形状、性情虽然不同,但是喜欢相聚而讨厌离散,贪生怕死却与人一样。所以,离群的飞禽走兽就会向人悲鸣,被人宰杀时,就会向人哀号。作为人不但容忍这种情况,反而厌烦飞禽、走兽的哀鸣。人们为什么不反过来想一想,动物在危难时对人寄予了希望,犹如人在危急时刻寄希望于上苍一样。动物哀鸣着,有求于人,而人却不怜悯它,那么当人处于患难、死亡、困苦的时候,却要仰头呼号,祈求上苍的可怜呢!大概人生重病不能支持的时候,当人身陷囹圄不能逃脱的时候,总是要反复追究、反省自己平日的所作所为,哪些是坏的,哪些是错的。这时,他们会指天发誓,要痛改前非,改过自新。但是,一旦病情好转,病痛解除,或者是安然逃脱囹圄,就忘记了发过的誓言,无恶不作又同往日没有什么两样。我上面所说的话,假如是说给经历过磨难的人,一定认为是正确的。但是我还是担心有些人好了伤疤忘了疼。那些没有经历过磨难的人,怎么能知道他们不以为我说的话迂腐呢?

【评析】

　　人与飞禽、走兽等动物同属自然界的一部分,关系本来就非常密切,用"唇亡齿寒"来形容比喻一点也不过分。但是人有许多时候却并不明此理。比如,当动物面临危亡关头,人们并不能以心体恤"动物的心",而给予帮助,不但如此,人们反而大肆捕杀动物。君不见人们常说的"好吃不过天上的飞禽,地上的走兽,"飞禽走兽成了人们解馋的美味佳肴,这种作法人们无疑是在自杀。因为人与动物同属一个食物链中,一定动物的灭绝,必然导致整个食物链的中断,所以,灭绝动物,也就是灭绝人类自身。对此,凡有理性的人都应保护动物。

孩子宜亲自为养

【原文】

有子而不自乳，使他人乳之，前辈已言其非矣。况其间求乳母于未产之前者，使不举己子而乳我子，有子方婴孩，使舍之而乳我子，其己子呱呱而泣，至于饿死者。有因仕宦他处，逼勒牙家诱赚良人之妻，使舍其夫与子而乳我子，因挟以归家，使其一家离散，生前不复相见者。

士夫递相庇护，国家法令有不能禁，彼独不畏于天哉？

【译文】

自己生了孩子而不去亲自哺乳，却让别人代为哺乳，这种做法前辈已认为是很不好的事。何况还有人在乳母尚未生产之前就来，使乳母生下孩子后去哺乳别人的孩子。还有的乳母孩子还很小，主家却让她舍弃自己的孩子而哺乳他自己的孩子。而乳母自己的孩子却因为没有奶吃而哭闹不止，有的甚至还会饿死。有的人在异地作官，就逼使专门买卖妇女的牙婆，让她诱骗良家妇女，让她丢下自己的丈夫、儿子来哺乳他的孩子。又挟带乳母回到他的家乡，弄得乳母一家离散，生前不能相见。

对此事，士大夫们总是互相庇护，国家的法令也不能禁止，难道他们就不怕上天制裁吗？

【评析】

古语有："老吾老以及人之老，幼吾幼以及人之幼。"说的是把别人的老人当作自己的老人来看待，岂有不孝顺的，把别人的孩子当作自己的孩子来对待，哪能不爱护的。上述现象恰恰相反，有钱人只顾自己的孩子，甚至不惜使别人妻、子分离，母亲不能哺育亲生儿子，这种人藐视"爱人"，其实仅仅是狭隘的"爱"，甚至是自私的"爱"。因为，痛惜孩子是父母的天性，难道你的孩子是孩子，别人的孩子就不是孩子吗？所以说，此等现象天理难容。

狡诈子弟不可用

【原文】

族人、邻里、亲戚有狡狯子弟,能恃强凌人,损彼益此,富家多用之以为爪牙,且得目前快意。此曹内既奸巧,外常柔顺,子弟责骂狎玩,常能容忍。为子弟者亦爱之。他日家长既没之后,诱子弟为非者皆此等人也。大抵为家长者必自老练,又其智略能驾驭此曹,故得其力。至于子弟,须贤明如其父兄,则可无虑。中材之人鲜不为其鼓惑,以致败家。唐史有言:"妖禽孽狐,当昼则伏息自如,得夜乃为之祥。"正谓此曹。若平昔延接淳厚刚正之人,虽言语多拂人意,而子弟与之久处,则有身后之益。所谓"快意之事常有损,拂意之事常有益",凡事皆然,宜广思之。

【译文】

在族人、邻居和亲戚们中间,有一些狡猾、市侩的子弟,他们恃强凌人,损人利己。富有人家大多把这种人作为爪牙,并且得到一时的恣情快意。这种人内里奸邪、乖巧,在表面上却又常常顺从主人之意,富家子弟也很喜欢他们。日后,家长死后,引诱其子弟为非作歹的都是这种人。大概做家长的自己必须老练,其智慧、谋略能驾驶这些小人,才能利用他的才能为自己服务。至于做子弟的又必须有像他的父兄一样的贤明,才能没有忧虑。如果仅有中等才能的人,很少不被这些小人蛊惑,最终败家。唐史说:"妖禽狐怪,白天则隐伏休息,入夜就肆行猖狂。"说的正是这类小人。子弟们如果平时交结一些淳朴、厚道、刚强、正直的人,虽然这些人有时说话不一定十分中听,可是与他们相处长久,一定会在日后觉得受益匪浅。这就是所说的"让你顺心如意的事常常对你有害,而让你担心的事却常常会对你有益"。凡事都如此,人们应该广泛思考这个问题。

【评析】

"忠言逆耳利于行,良药苦口利于病"。大凡敢于进逆耳之言的人,大多是耿直、有德行的人,他们说话秉持正义,因而往往不免刺耳,善于听言者应该视为"至宝",因为此类话有利于成事。相反善进谄媚之言者,大多是见风使舵、缺德的势利小人,他们说话极尽阿谀奉承之能事,结果是败事。但不经一堑之人,往往为花言巧语所迷惑,等到吃到苦头后已悔之晚矣。赵高"口蜜腹剑"就是一个典型的例子,后来者要以此为鉴,不要重蹈覆辙,更不能"好了伤疤忘了疼",成为无心无肺之人。

用人需选忠厚者

【原文】

干人有管库者,须常谨其簿书,审见其存。干人有管谷米者,须严其簿书,谨其管钥,兼择谨畏之人,使之看守。干人有贷财本兴贩者,须择其淳厚、爱惜家业,方可付托。盖中产之家,日费之计犹难支吾,况受佣于人,其饥寒之计,岂能周足?中人之性,目见可欲,其心必乱,况下愚之人,见酒食声色之美,安得不动其心?向来财不满其意而充其欲,故内则与骨肉同饥寒,外则视所见如不见。今其财物盈溢于目前,若日日严谨,此心姑寝。主者事势稍宽,则亦何惮而不为?其始也,移用甚微,其心以为可偿,犹未经虑。久而主不之觉,则日增焉,月益焉,积而至于一岁,移用已多,其心虽惴惴,无可奈何,则求以掩覆。至二年三年,侵欺已大彰露,不可掩覆。主人欲峻治之,已近噬脐。故凡委托干人,所宜警此。

【译文】

对于管仓库的差役,必须经常检查他的账本,审查库内所存的东西。对于管理谷米的差役,必须经常严格地查看他的账本,留意他手中所掌管的粮仓的钥匙。一定要选择谨慎、老实的人来从事管理工作。一定要选择秉性忠厚、爱惜家财的人做放贷及买卖这种事。因为,具有中等财产的人家,每日的日常花费都难以应付,更何况是受雇于人的佣人,家里的温饱都没有保证。这样一来,品性居中的人看到自己所需之物,必然为之心动,更不用说那些太贱、愚笨之人了。他们见到吃、喝、享乐与美色,怎么能不动心呢?因为,这些人家里的财富从来不能满足他们的要求和欲望,因此,他只好在家与家人一起忍饥挨饿,在外则对别人的财富视而不见。现在,这么多财物堵满他的眼前,这时,如果主人天天严格要求,小心看管,他也只好暂且遏制贪占之心。如果主家看管不严格,那么他还有什么可怕的而不做呢?开始的时候,只是挪用很少的东西,这时他还觉得日后能够赔偿得起,也未考虑后果。如果时间长了,主人还没有察觉,那么他的胆子就日积月累越来越大。到了一年后,挪用的东西已经很多了。这时,他的心中虽然惴惴不安,但又无法挽回,只得想办法掩盖。过了二三年,他的欺骗行为已经大暴露,无法掩盖。主人虽然想严惩他,也已经无济于事了。所以,凡是委托找差役的人,都要以此为鉴,选人要慎重。

【评析】

谚语有云:"久在河边站,哪能不湿鞋"。如何做到不湿鞋呢? 必须看管严。"酒、色、财"人人都爱,但是爱的东西不一定都能得到,要得到也要有一定的正当的渠道,正可谓:"君子爱财,取之有道。"

对于受聘的仆人、差役一定要明此理,面对自己管理的钱物做到心弗动、手勿伸。否则,法度无情。对于东家一定要严明法度,完善章规,不给以任何可乘之机,更不能养小疵遗大患,等到既成事实,悔之已晚。

善待佃户

【原文】

国家以农为重,盖以衣食之源在此。然人家耕种出于佃人之力,可不以佃人为重！遇其有生育、婚嫁、营造、死亡,当厚周之;耕耘之际,有所假贷,少收其息;水旱之年,察其所亏,早为除减;不可有非理之需;不可有非时之役;不可令子弟及干人私有所扰;不可因其仇者告语增其岁入之租;不可强其称贷,使厚供息;不可见其自有田园,辄起贪图之意。视之爱之,不啻于骨肉。则我衣食之源,悉借其力,俯仰可以无愧怍矣。

【译文】

国家以农业为本,因为农业是人们的衣食之源。然而有的人家的地全是依靠佃户种的,怎么能不以佃户为重呢？遇到佃户有生育、婚嫁、建筑、丧事,东家就应当宽厚、周全地帮助他们。在耕种的时候,如果他们要求借钱,东家应少收利息。遇有干旱年景,东家要调查佃户欠收多少,早早减免租金。不应该对佃户存有不合理的要求,不应不合时宜地要求他们服劳役。不能让子弟及手下人骚扰佃户,不能因为佃户的仇家说了佃户的坏话,就增加佃户的年租。不能强迫佃户借款,以求高利。不能见佃户自己有田地就想霸占。作为东家应该对佃户珍视爱护他们,把他们视作自己的亲骨肉。那样的话,我们衣食的来源都靠他们的劳力而来,也就无愧于天地了。

【评析】

道曰:"不告之以时,而民不知;不导之以事,而民不为。与之分货,则民知得正矣;审其分,则民尽力矣。是故不使而父子兄弟不忘其功。"此话说的是要告诉农人什么时候应该做什么,并适当给农人分配财富,这样的话,农人父子兄弟就不会忘记他们自己的本分了,而尽心尽力地耕作了,从而也就满足了人们的衣食之源。对此我们理解为"爱民如子"也未尝不可。反过来说古人所说的"爱民如子"其目的也不过如此。因为"如子"毕竟不是"子"。

妇儿不可私自借贷

【原文】

佃仆妇女等,有于人家妇女、小儿处,称"莫令家长知",而欲重息以生借钱谷,及欲借质物以济急者,皆是有心脱漏,必无还意。而妇女、小儿不令家长知,则不敢取索,终为所负。为家长者,宜常以此喻其家。

【译文】

有的佃户、仆人和妇女,瞒着主家的家长,向这家的女人、小孩借钱,声称"不要让家长知道",并且应诺可以多付利息。借钱谷、借物品以救急时,早已心存赖账之念。而妇女、小孩借给他们东西,因为是瞒着家长的,所以,也不敢前去索要,终究还是被这些人抵赖了。作为一家之长,应该经常给家人讲这些事,以提醒大家注意。

【评析】

借给别人钱物,救人危困本来是一件善举,应该提倡,但是为什么令出现上则家训警示的问题呢?原因有二:一是借钱物者,从借的时候起就准备抵赖,对此一定要明察千万不能借给;二是,有的人专找小孩和妇女借钱,由于他们没有经验,容易上当。正是由于此,人们本应做的善事也就因此而有了推托的理由。其实借别人钱物,心存不还者有之,而千方百计想方设法,甚至勒紧裤腰带还的也有。对此不能一概而论。

不让生人轻易入宅

【原文】

尼姑、道婆、媒婆、牙婆及妇人以买卖、针灸为名者,皆不可令入人家。凡脱漏妇女财物及引诱妇女为不美之事,皆此曹也。

【译文】

尼姑、道婆、媒婆、牙婆以及妇人借做买卖和针灸名义上门的,都不能让他们到家中来。大凡拐骗妇女财物以及引诱妇女做越轨行为的事,都是这类人引起的。

【评析】

俗语说:"害人之心不可有,防人之心不可无。"对于不认识的人上门,千万不要轻易让其入室。因为,对来者来讲是"无事不登三宝殿",但对你来讲可能就是无事生事。

兴修水利

【原文】

池塘、陂湖、河埭,蓄水以溉田者,须于每年冬月水涸之际,浚之使深,筑之使固。遇天时亢旱,虽不至于大稔,亦不至于全损。今人往往于亢旱之际,常思修治,至收刈之后,则忘之矣。谚所谓"三月思种桑,六月思筑塘",盖伤人之无远虑如此。

【译文】

池塘、湖泊与河坝,都是用以蓄水灌溉田地的,必须在每年的冬季河水干涸的时候,疏浚深挖,加固堤坝。以便遇到天旱的时候,虽然不能获得大丰收,但也不至于绝收。现在的人,往往在大旱的时候,才想到修理水利,旱情过后却又全忘了此事。谚语所说的"三月思种桑,六月思筑塘",就是感叹人们没有远虑的现象。

【评析】

"人无远虑,必有近忧"。修建任何一个水利设施都要准备大量的人力、物力才能完成,不是"一日之功"可能取得。因此,善事者从长计议,早做谋划,等到需要时都已万事大吉,水到渠成。否则"临池掘井"只能贻误时机,悔之晚矣。

修治河渠获利多

【原文】

池塘、陂湖、河埭有众享其溉田之利者,田多之家,当相与率倡,令田主出食,佃人出力,遇冬时筑,令多蓄水。及用水之际,远近高下,分水必均,非止利己,又且利人,其利岂不博哉?今人当修筑之际,靳出食力,及用水之际,奋臂交争,有以锄耰相殴至死者。纵不死,亦至坐狱被刑,岂不可伤!然至此者,皆田主悭吝之罪也。

【译文】

池塘、湖泊与河坝当众人享用它灌溉田地的时候,田地多的家庭,应当率先倡导兴修水利,让田主出粮食,佃户出力气,遇有冬天时修筑堤坝,以便蓄存更多的水。到了需要用水的时候,远处近处高的低的地方,都能均匀地用到水,这样不只是有利于自己,也利于他人,这种利益难道不是很大吗?现在的人,当应该修筑堤坝的时候,不舍得出粮出力,到了需要用水的时候,却又奋力争抢,有的甚至相互械斗以至于打死人。纵使不被打死,也到了坐狱判刑的地步,难道不是可悲的事!然而弄到这种地步,都是因为田主吝啬造成的。

【评析】

"水利是国之命脉",古之有李冰修"都江堰"造福后代之举,传颂千年万代。修水利也是恩泽众人的一件事,因之,凡受益者皆应出力、出钱。只有出力、出钱者才能享其用。切不可心存享用之念,而不付出相应物力。此类人要切记,无因之福享不得,无功之禄受不起。否则占了小便宜,终究吃大亏。

荒山宜植果木

【原文】

桑、果、竹、木之属,春时种植甚非难事,十年二十年之间即享其利。今人往往于荒山闲地,任其弃废。至于兄弟析产,或因一根荄之微,忿争失欢。比邻山地偶有竹木在两界之间,则兴讼连年。宁不思使向来天不产此,则将何所争?若以争讼所费,佣工植木,则一二十年之间,所谓材木不可胜用也。其间有以果木逼于邻家,实利有及于其童稚,则怒而伐去之者,尤无所见也。

【译文】

桑、果、竹等树木之类的植物,在春天种植并不是什么困难的事,过上十年二十年人们就能获利。现在的人,往往因为一根草那么小的利益而争吵不休,反目为仇;相邻的山地上偶尔有竹木生长在两界之间,为了争夺就连年打官司。这些人难道不想一想,如果不是天地生长这些东西,还争夺什么呢?如果把用于打官司的钱,用来雇人种树,那么一二十年间,树木就用不尽了。有的果树种在了邻居地旁,果实有时被邻居家的小孩偷走了,就一怒之下把果树砍断了,这种人最没有见识了。

【评析】

俗语有"十年树木,百年树人"。各种树木种植十几年后总能成材,为人所用。但种植时要因时而异,同时种植树木要付出辛苦,在这方面,付出一分辛劳,才能收获一分果实。对此不能只见收获时的欢欣,而不见耕耘时的艰辛。至于那些怕别人得到好处的人,就把十几年长成的树,一怒之下,毁于一旦的人是匹夫之怒,此人虽然记住了谁种树谁受益的道理,但却忘记了更为重要的道理:"前人种树,后人乘凉"的美德。

勿因小事罪邻里

【原文】

人有小儿,须常戒约,莫令与邻里损折果木之属。人养牛羊,须常看守,莫令与邻里踏践山地六种之属。人养鸡鸭,须常照管,莫令与邻里损啄菜茹六种之属。有产业之家,又须各自勤谨。坟茔山林,欲聚丛长茂荫映,须高其墙围,令人不得逾越。园圃种植菜茹六种及有时果去处,严其篱围,不通人往来,则亦不至临时责怪他人也。

【译文】

有小孩子的人家,必须经常告诫、约束自己的孩子,不要让他到邻居家损折果木等植物。饲养牛羊的人家,一定要常常看守它们,不能让它们跑到邻居家地里践踏、破坏庄稼。饲养鸡鸭的人家,必须经常照看管理它们,不要让它们到邻居家的菜地里去啄损蔬菜。拥有家业的人家,必须勤劳谨慎地守护家业。坟地、山林,要想绿树成荫,郁郁葱葱,必须砌起高高的围墙,使人不能翻跃进来。菜园、苗圃里种植蔬菜及各种果类,要围好篱笆,不能让人通行。这样,就不至于出事后责怪他人了。

【评析】

时下有言:"管好自己的人,看好自己的门,办好自己的事。"此话说出了这样一个简单的道理:无论是官家还是个人要想做出一番事业,必先从自家的人严格做起,这样推而广之,整个社会都能严于律己,社会岂能不平安,民风岂能不纯朴。邻居之间因为小孩子闹意见,大多是孩子看管不严所致;因为牛羊管不了自己,弄坏了人家庄稼;因为鸡、鸭起风波大多是鸡鸭跑到了人家的田园。如能有效地防止上述情况出现,就能减少邻居之间引发矛盾的可能。

田界宜分明

【原文】

人有田园山地,界至不可不分明。异居分析之初,置产制卖之际,尤不可不仔细。人之争讼多由此始。且如田亩,有因地势不平,分一丘为两丘者;有欲便顺并两丘为一丘者;有以屋基山地为田,又有以田为屋基园地者;有改移街、路、水圳者。官中虽有经界图籍,坏烂不存者多矣。况又从而改易,不经官司、邻保验证,岂不大启争端。人之田亩,有在上丘者,若常修田畔,莫令倾倒,人之屋基园地,若及时筑叠垣墙,才损即修,人之山林,若分明挑掘沟堑,才损即修,有何争讼?惟其卤莽,倾倒,修治失时,屋基园地止用篱围,年深坏烂,因而侵占。山林或用分水,犹可辨明,间有以木、以石、以坎为界,年深不存,及以坑为界,而外又有一坑相似者,未尝不启纷纷不决之讼也。至于分析,止凭阄书,典买止凭契书,或有卤莽,该载不明,公私皆不能决,可不戒哉!间有典买山地,幸其界至有疑,故令元契称说不明,因而包占者,此小人之用心。遇明有司,自正其罪矣。

【译文】

有田园山地的人家,一定要把地界标明。在分家另过、置买田产、典卖土地的时候,尤其更要弄清楚地界。因为人们打官司多数是由于地界不清楚而引起的。而且,如果有的田地,因为地势不平一分为二了,有的由于方便顺当合二为一了,有的把房屋基地当成田地了,又有的把田地改成房屋基园地了,有的改移街、路和水沟的。官府对此种情况虽然有界图籍记载,但是,由于年久腐烂不存在的很多。况且有人不经过官府和有关当差验证改变了原来土地的街道、路线和水沟走向,这无疑又引起了更大的争端?有的田地在地势高处的,如果经常修建田界,不要让他倒塌,有的房屋基地,如果能够及时修筑垣墙,随时有损坏,随时修补,有的山林,如果讲清了以沟堑为界,一有损坏,马上修好,还有什么解决不了的问题要打官司呢?只有那些粗鲁、莽撞之人,田界虽然毁坏了,却不及时修复,房屋基地仅用篱笆围住,年久失修造成坏烂,因而侵占。山林如果用作分水岭,还可以分辨清楚,间隔着木、石和沟坎为界的,由于年久而不存在,便无法辨认清楚了。还有以坑为界,由于坑外又有了一个与其相似的坑,也无法辨清,这些情况何尝不引起议而不决的官司。至于分家另立,只凭阄书,典卖财产只凭契约。有时疏忽,该载的不详细,官府判断,怎能不引以为戒呢!间或有人典买山地,希望山界有界阻不明晰的地方,所以在原契约上写明界限不明,乘机吞占别人的田产,这是小人的算计。如果遇到清明之官,自然要追究他的罪责。

【评析】

"好朋友要清算账",说的是朋友之间往来账目一定要清楚。推而广之。国与国的界限要分明,家与家的田界要清楚,否则将造成国之不和,家之不睦,争斗必然兴焉。英国殖民者给中印留下了一条不明界限的"麦克马洪线"引发了多少事端。后来治家、治国者要明察。

钱谷不可多借人

【原文】

有轻于举债者,不可借与,必是无籍之人,已怀负赖之意。凡借人钱谷,少则易偿,多则易负。故借谷至百石,借钱至百贯,虽力可还,亦不肯还,宁以所还之资为争讼之费者多矣。

【译文】

有轻易就向人借贷的人向你借贷,不要借给他。这种人肯定是不可靠的人,他向你借债的时候,就有了不还的意思。凡是借给别人的钱谷,借给得少就容易偿还,借给得多则不肯偿还。所以,借给别人一百石粮食和一百贯钱的人,虽然他有偿还的能力,也是不肯还的,而宁愿把应该还给人家的钱财来当成打官司的费用,这种人很多。

【评析】

"债借得多了,反而成了债主"。因为债主只是因为有钱,而人们从来不去探究有钱人的钱是从何而来的。

与人交易要公平

【原文】

贫富无定势,田宅无定主。有钱则买,无钱则卖。买产之家当知此理,不可苦害卖产之人。盖人之卖产,或以缺食,或以负债,或以疾病、死亡、婚嫁、争讼。已有百千之费则鬻百千之产。若买产之家即还其直,虽转手无留,且可以了其出产、欲用之一事。而为富不仁之人,知其欲用之急,则阳距而险钩之,以重扼其价。既成契,则姑还其直之什一二,约以数日而尽偿。至数日而问焉,则辞以来办。又屡问之,或以数缗授之,或以米谷及他物高估而补偿之。出产之家必大窘乏。所得零微,随即耗散。向之所拟以办某事者,不复办矣。而往还取索夫力之费,又居其中。彼富者,方自窃喜,以为善谋。不知天道好还,有及其身而获报者,有不在其身而在其子孙者。富家多不之悟,岂不迷哉!

【译文】

贫富本来就不是固定不变的,田地房产也是可以易主的。有钱就可以买,没钱就卖掉。买财产的人家应当明白这个道理,不要乘机苦害那些因贫穷而卖财产的人。大凡人卖财产,或者是因为没有吃的东西,或者是因为借了别人的债,也可能是因为生病、家里死了人、打官司等原因。需要多少钱就卖多少财产。如果买主能够按财产的实际价值付钱,那么卖主即便是卖了家产,也还能有所值,并能解决家里的用钱问题。

可是有哪些为富不仁之人,知道人家急用钱,便表面拒绝购买,暗中却又在谋划,以便大煞其价。等到订立了契约之后,只给人家十分之一二的钱,其余的答应在几天之内交清。过了几天去问他,又推托说没有办。以后多次催他,也只给你几千文钱来搪塞你,或者用米谷和其他东西折成高价来补偿。这样,卖财产的人家必然非常窘迫。卖家产所得到的一点钱,马上就耗费掉了。先前打算要办的事也办不成了。而因为卖家产还得付出一些往返索取的费用。那个得了便宜的富人还在暗暗地高兴,以为自己的谋略高妙。然不知道害人上天是要报应你的,有的就报在本人身上,有的不在本人身上,而在他的儿孙身上应验。可惜那些有钱的人大多不懂得这个理,这难道不是执迷不悟吗?

【评析】

买卖讲究公平合理,如果在交易当中作鬼,就是一种不道德的行为。

更何况有的人趁人之危,强买强卖,这与强盗有何区别?因此,袁采说这种人也必然遭受报应,不会落得好结果。

无故不可举债

【原文】

凡人之敢于举债者,必谓他日之宽余可以偿也。不知今日之无宽余,他日何为而有宽余?譬如百里之路,分为两日行,则两日可办;若欲以今日之路使明日并行,虽劳苦而不可至。凡无远识之人,求目前宽余而那积在后者,无不破家也。切宜鉴此!

【译文】

凡是敢于借债的人,必定会说日后宽裕了一定偿还。他一定不知道今日没有宽裕,日后怎么能有宽裕呢?这好比走一百里的路程,要两天走完,那么,两天都能走完该走的路。假如把今天该走的路放到明天一起走,你虽然感到疲惫不堪,也达不到预期目的。凡是没有远见的人,为了求得眼前一时的宽裕而借债,日后必定负债累累,这种人没有不败家的。人们切要以此为鉴。

【评析】

诺不可轻许,倘日后兑现不了,有失信义;债不可轻举,倘来日偿还不了,一来落一个抵赖之名,影响人与人之关系,如果债主催债太急,势必造成倾家荡产。

纳税要积极

【原文】

凡有家产,必有税赋,须是先截留输纳之资,却将赢余分给日用,岁入或薄,只得省用,不可侵支输纳之资。临时为官中所迫,则举债认息,或托揽户兑纳而高价算还,是皆可以耗家。大抵曰贫曰俭自是贤德,又是美称,切不可以此为愧。若能知此,则无破家之患矣。

【译文】

凡是有家产的,就必须纳税。因此,必须事先把纳税的部分提留出来,剩下的用作日常的费用。如果当年的收入较少,也只得节俭,不能侵占用于纳税的钱。官府要临时开征赋税,年中如没有钱,就要靠借债来交税,甚至要托专门承税的人代为交纳然后得高价偿还,这些都足以使家庭破产。大概说你家贫、节俭是一种美德,也是一种美称,你不要因此而感到羞愧。如果能知晓这一点,那么就不会有败家的担忧了。

【评析】

古之人纳税尚且预办,而今之人逃税则千变万般。"税"取之于民,用于民,纳税人不能不详察。

公益事业要热心

【原文】

乡人有纠率钱物以造桥、修路及打造渡航者,宜随力助之,不可谓舍财不见获福而不为。且如造路既成,吾之晨出暮归,仆马无疏虞,及乘舆马、过渡桥,而不至惴慄者,皆所获之福也。

【译文】

乡里有号召大家募捐钱物造桥、修路以及打造渡船的人,人们都应该根据自己的财力资助这类善举。不能说自己捐舍了钱财,而得不到好处就不干这样的事。而且如果将来道路修成了,你早出晚归,仆人、马匹都无危险,至于你乘轿车、骑马过河,也不至于担惊受怕,这都是你所获得的好处。

【评析】

修路、造桥为积德的善举,古有"李春"所造赵州安济桥,留芳千古。修路、造桥也是造福一方人民的义举,所以人人都要据其财力而解囊相助。因为人人都是受益者。